线性代数练习与提高

XIANXING DAISHU LIANXI YU TIGAO

（一）

陈兴荣　刘剑锋　刘智慧　李卫峰　主编

中国地质大学出版社
ZHONGGUO DIZHI DAXUE CHUBANSHE

图书在版编目(CIP)数据

线性代数练习与提高:全2册/陈兴荣等主编.—武汉:中国地质大学出版社,2018.7(2021.9重印)

ISBN 978-7-5625-4276-6

Ⅰ.①线…
Ⅱ.①陈…
Ⅲ.①线性代数-高等学校-习题集
Ⅳ.①O151.2-44

中国版本图书馆CIP数据核字(2018)第105211号

线性代数练习与提高　　陈兴荣　刘剑锋　刘智慧　李卫峰　主编

责任编辑:谌福兴　郑济飞　　责任校对:徐蕾蕾

出版发行:中国地质大学出版社(武汉市洪山区鲁磨路388号)　　邮政编码:430074
电　话:(027)67883511　　传真:67883580　　E-mail:cbb@cug.edu.cn
经　销:全国新华书店　　http://cugp.cug.edu.cn

开本:787毫米×1092毫米 1/16　　字数:224千字　　印张:8.75
版次:2018年7月第1版　　印次:2021年9月第4次印刷
印刷:武汉市珞南印务有限公司

ISBN 978-7-5625-4276-6　　定价:26.00元(全2册)

前　言

为方便教师批阅和学生使用，本书分为第一分册和第二分册。

第一分册包括行列式、矩阵的初等变换与线性方程组、相似矩阵与二次型，分别对应课本的第一、三、五章。

第二分册包括矩阵及其运算、向量组的线性相关性、线性空间与线性变换，分别对应课本的第二、四、六章。

每节包括知识要点、典型例题以及练习题三个部分。练习题分为A、B、C三个层次，A类题为基础题，B类题难度稍大，C类题为有一定难度的综合题，书末附有练习题的答案与提示，供读者核对正误。

本书编写工作安排如下：陈兴荣负责前言、行列式、矩阵及其运算的编写；刘剑锋负责矩阵的初等变换与线性方程组、线性空间与线性变换的编写；刘智慧负责向量组的线性相关性的编写；李卫峰负责相似矩阵及二次型的编写。

本书既可作为高等学校理工科专业线性代数课程的教学参考书，也可以作为报考硕士研究生的复习参考资料。

希望本书对提高教学质量有所裨益，并得到广大读者的喜爱。但限于编者水平，疏漏与不足之处在所难免，恳请广大读者批评指正。

编　者

2018年5月

目　录

第一章　行列式

行列式是从线性方程组的求解中产生的，是线性代数的一个基本概念，现已发展成为一种重要的数学工具，在许多领域都有广泛的应用.

第一节　二阶与三阶行列式　全排列和对换　n 阶行列式的定义

1. 二阶与三阶行列式

(1) $\begin{vmatrix} a_{11} & a_{12} \\ a_{21} & a_{22} \end{vmatrix} = a_{11}a_{22} - a_{12}a_{21}$

(2) $\begin{vmatrix} a_{11} & a_{12} & a_{13} \\ a_{21} & a_{22} & a_{23} \\ a_{31} & a_{32} & a_{33} \end{vmatrix} = a_{11}a_{22}a_{33} + a_{12}a_{23}a_{31} + a_{13}a_{21}a_{32} - a_{13}a_{22}a_{31} - a_{12}a_{21}a_{33} - a_{11}a_{23}a_{32}$

2. 排列与逆序

(1) 由自然数 $1,2,\cdots,n$ 组成的一个有序数组称为一个 n 元排列. n 元排列共有 $n!$ 个.

(2) n 元排列中，某一对元素的大小顺序与自然顺序相反，则称它们构成一个逆序.

(3) n 元排列 $j_1j_2\cdots j_n$ 中逆序的总数称为该排列的逆序数，记作 $t(j_1j_2\cdots j_n)$.

(4) 如果 $t(j_1j_2\cdots j_n)$ 为奇(偶)数，则称 $j_1j_2\cdots j_n$ 为奇(偶)排列. n 元排列中奇、偶排列各有 $\frac{n!}{2}$ 个.

(5) 在排列 $j_1j_2\cdots j_n$ 中互换某两元素的位置而其余的保持不动，这一变换称为对换.

(6) 对换改变排列的奇偶性，即奇(偶)排列经过一次对换变成偶(奇)排列.

3. 行列式的定义

(1) n 阶行列式用

$$D=\begin{vmatrix} a_{11} & a_{12} & \cdots & a_{1n} \\ a_{21} & a_{22} & \cdots & a_{2n} \\ \vdots & \vdots & & \vdots \\ a_{n1} & a_{n2} & \cdots & a_{nn} \end{vmatrix}$$

表示,也可简单记作 $D=|a_{ij}|$.

(2) n 阶行列式是 $n!$ 项的代数和,其中每项都是 D 中位于不同行、不同列的 n 个元素的乘积;当各元素行标按自然顺序 $1\ 2\ \cdots\ n$ 排列时,如果列标 $j_1\ j_2\cdots\ j_n$ 为奇排列,该项的符号为负,否则符号为正,即

$$D=\begin{vmatrix} a_{11} & a_{12} & \cdots & a_{1n} \\ a_{21} & a_{22} & \cdots & a_{2n} \\ \vdots & \vdots & & \vdots \\ a_{n1} & a_{n2} & \cdots & a_{nn} \end{vmatrix}=\sum_{j_1j_2\cdots j_n}(-1)^{t(j_1j_2\cdots j_n)}a_{1j_1}a_{2j_2}\cdots a_{nj_n},$$

其中 $\sum\limits_{j_1j_2\cdots j_n}$ 表示对所有 n 元排列求和.

(3) 当各元素列标按自然顺序 $1\ 2\ \cdots\ n$ 排列时,如果行标 $i_1\ i_2\cdots\ i_n$ 为奇排列,该项的符号为负,否则符号为正,即 $D=\sum\limits_{i_1i_2\cdots i_n}(-1)^{t(i_1i_2\cdots i_n)}a_{i_11}a_{i_22}\cdots a_{i_nn}$.

典型例题

例 1 选择 i 和 k 使

(1) $1274i56k9$ 为偶排列;

(2) $1i25k4897$ 为奇排列.

解:(1) 在原排列中缺少 3 和 8,令 $i=3,k=8$ 可得排列 127435689,其逆序数为 5,故为奇排列,因此要使原排列成为偶排列,应选择 $i=8,k=3$;

(2) 类似(1),要使原排列为奇排列,应选择 $i=3,k=6$.

例 2 计算排列 $n(n-1)\cdots21$ 的逆序数,并讨论其奇偶性.

解:该排列的逆序数为

$$(n-1)+(n-2)+\cdots+1=\frac{n(n-1)}{2},$$

当 $n=4k,4k+1$ 时,$\frac{n(n-1)}{2}$ 均为偶数,故原排列为偶排列;

当 $n=4k+2,4k+3$ 时,$\frac{n(n-1)}{2}$ 均为奇数,故原排列为奇排列.

例 3 写出 4 阶行列式中所有带负号并且包含 a_{23} 的项.

解:设 4 阶行列式中带负号并且包含 a_{23} 的项行标按自然顺序记为 $a_{1i}a_{23}a_{3j}a_{4k}$,其列标构成的排列为 $i3jk$,由于 i,j,k 只能取值 1,2 或 4,当 $i=1,j=2,k=4$ 时,排列为 1324,

逆序数为 1,是奇排列。另外还可得奇排列 4312 和 2341,因此在 4 阶行列式中带有负号并且包含 a_{23} 的项为 $a_{11}a_{23}a_{32}a_{44}$,$a_{14}a_{23}a_{31}a_{42}$,$a_{12}a_{23}a_{34}a_{41}$.

例 4　由行列式定义确定

$$f(x)=\begin{vmatrix} 2x & x & 1 & 2 \\ 1 & x & 1 & -1 \\ 3 & 2 & x & 1 \\ 1 & 1 & 1 & x \end{vmatrix}$$

中 x^4 与 x^3 的系数,并说明理由.

解: 由行列式的定义,x^4 只能由主对角线上的元素 a_{11},a_{22},a_{33},a_{44} 相乘得到,而 $a_{11}a_{22}a_{33}a_{44}=2x^4$,且带正号,故 $f(x)$ 中 x^4 的系数为 2;

同理,x^3 只能由 a_{12},a_{21},a_{33},a_{44} 相乘得到,而 $a_{12}a_{21}a_{33}a_{44}=x^3$,且带负号,故 $f(x)$ 中 x^3 的系数为-1.

例 5　由行列式定义计算 n 阶行列式

$$D_n=\begin{vmatrix} a & b & 0 & \cdots & 0 & 0 \\ 0 & a & b & \cdots & 0 & 0 \\ \vdots & \vdots & \vdots & & \vdots & \vdots \\ 0 & 0 & 0 & \cdots & a & b \\ b & 0 & 0 & \cdots & 0 & a \end{vmatrix}.$$

解: 由行列式的定义知,此行列式的非零项只有两项 $a_{11}a_{22}\cdots a_{nn}$ 和 $a_{12}a_{23}\cdots a_{n-1,n}a_{n1}$,故 $D_n=(-1)^{t(12\cdots n)}aa\cdots a+(-1)^{t(23\cdots n1)}bb\cdots b=a^n+(-1)^{n-1}b^n$.

A 类题

1. 判断题

(1) n 阶行列式 $\begin{vmatrix} a_{11} & \cdots & a_{1n} \\ a_{21} & \cdots & a_{2n} \\ \vdots & & \vdots \\ a_{n1} & \cdots & a_{nn} \end{vmatrix}$ 是由 n^2 个数构成的 n 行 n 列的数表.　　(　　)

(2) $\begin{vmatrix} 0 & 0 & \cdots & 0 & \lambda_1 \\ 0 & 0 & \cdots & \lambda_2 & 0 \\ \vdots & \vdots & & \vdots & \vdots \\ \lambda_6 & 0 & \cdots & 0 & 0 \end{vmatrix}=\lambda_1\lambda_2\cdots\lambda_6$.　　(　　)

2. 选择题

(1) 线性方程组$\begin{cases} x_1+2x_2=3 \\ 3x_1+7x_2=4 \end{cases}$,则方程组的解$(x_1,x_2)$是(　　).

(A)(13,5)　　(B)(−13,5)　　(C)(13,−5)　　(D)(−13,−5)

(2) 方程$\begin{vmatrix} 1 & x & x^2 \\ 1 & 2 & 4 \\ 1 & 3 & 9 \end{vmatrix}=0$的根的个数是(　　).

(A) 0　　(B) 1　　(C) 2　　(D) 3

3. 填空题

(1)按自然数从小到大为标准顺序,排列 4132 的逆序数为__________.

(2)当 i 是__________,k 是__________时,排列 $3184i56k7$ 为偶排列.

(3)四阶行列式中含有 $a_{11}a_{23}$ 且带负号的项为__________.

(4)在五阶行列式中项 $a_{13}a_{24}a_{32}a_{41}a_{55}$ 前面应为__________号(填正或负).

(5)排列 $13\cdots(2n-1)24\cdots(2n)$ 的逆序数为__________.

4. 计算题

(1) $\begin{vmatrix} 1 & 2 & 3 \\ 3 & 1 & 2 \\ 2 & 3 & 1 \end{vmatrix}$;

(2) $\begin{vmatrix} 1 & 1 & 1 \\ 3 & 1 & 4 \\ 8 & 9 & 5 \end{vmatrix}$;

(3) $\begin{vmatrix} 0 & 0 & \cdots & 0 & 1 \\ 0 & 0 & \cdots & 2 & 0 \\ \vdots & \vdots & & \vdots & \vdots \\ 0 & n-1 & \cdots & 0 & 0 \\ n & 0 & \cdots & 0 & 0 \end{vmatrix}$;

(4) $\begin{vmatrix} 0 & 1 & 0 & \cdots & 0 \\ 0 & 0 & 2 & \cdots & 0 \\ \vdots & \vdots & \vdots & & \vdots \\ 0 & 0 & 0 & \cdots & n-1 \\ n & 0 & 0 & \cdots & 0 \end{vmatrix}$；

(5) $\begin{vmatrix} 0 & \cdots & 0 & 1 & 0 \\ 0 & \cdots & 2 & 0 & 0 \\ \vdots & & \vdots & \vdots & \vdots \\ n-1 & \cdots & 0 & 0 & 0 \\ 0 & \cdots & 0 & 0 & n \end{vmatrix}$.

B 类题

1. 计算下列行列式

(1) $\begin{vmatrix} x & y & x+y \\ y & x+y & x \\ x+y & x & y \end{vmatrix}$；

(2) $\begin{vmatrix} a_{11} & \cdots & a_{1,n-1} & a_{1n} \\ a_{21} & \cdots & a_{2,n-1} & 0 \\ \vdots & ⋰ & \vdots & \vdots \\ a_{n1} & \cdots & 0 & 0 \end{vmatrix}$.

2. 用行列式定义证明 $\begin{vmatrix} a_1 & a_2 & a_3 & a_4 & a_5 \\ b_1 & b_2 & b_3 & b_4 & b_5 \\ c_1 & c_2 & 0 & 0 & 0 \\ d_1 & d_2 & 0 & 0 & 0 \\ e_1 & e_2 & 0 & 0 & 0 \end{vmatrix}=0$.

C 类题

1. 设 n 元排列 $a_1a_2\cdots a_n$ 的逆序数为 k，求 n 元排列 $a_na_{n-1}\cdots a_2a_1$ 的逆序数.

2. 用行列式定义确定 $f(x)=\begin{vmatrix} x & 4x & 3 & x \\ 1 & x & 2x & -1 \\ 3x & 2 & 5 & 1 \\ 2x & 1 & 1 & x \end{vmatrix}$ 中 x^4 的系数,并说明理由.

第二节　行列式的性质

1. 行列式的性质

(1)记 $D=\begin{vmatrix} a_{11} & a_{12} & \cdots & a_{1n} \\ a_{21} & a_{22} & \cdots & a_{2n} \\ \vdots & \vdots & & \vdots \\ a_{n1} & a_{n2} & \cdots & a_{nn} \end{vmatrix}$，则称 $D^{\mathrm{T}}=\begin{vmatrix} a_{11} & a_{21} & \cdots & a_{n1} \\ a_{12} & a_{22} & \cdots & a_{n2} \\ \vdots & \vdots & & \vdots \\ a_{1n} & a_{2n} & \cdots & a_{nn} \end{vmatrix}$ 为 D 的转置行列式.

行列式与它的转置行列式相等.

(2)行列式中某行(列)的公因子可以提到行列式符号外面，即用一个数乘这个行列式等于用这个数乘这个行列式的任意一行(列).

若行列式中某行全为零，则行列式的值等于零.

(3)交换行列式中两行(列)的位置，则行列式的值反号.

若行列式中有两行(列)完全相同，则行列式的值等于零.

若行列式中有两行(列)的元素对应成比例，则行列式的值等于零.

(4)若行列式中某行(列)是两组数的和，那么这个行列式等于两个行列式的和，而这两个行列式除这一行(列)以外，其余各行(列)与原来行列式的对应行(列)相同.

(5)将行列式某行(列)的倍数加到另一行(列)，行列式的值不变.

2. 几个常见的行列式

(1) 上(下)三角形行列式的值等于主对角线上元素的乘积，即

$$\begin{vmatrix} a_{11} & a_{12} & \cdots & a_{1n} \\ 0 & a_{22} & \cdots & a_{2n} \\ \vdots & \vdots & & \vdots \\ 0 & 0 & \cdots & a_{nn} \end{vmatrix}=\begin{vmatrix} a_{11} & 0 & \cdots & 0 \\ a_{21} & a_{22} & \cdots & 0 \\ \vdots & \vdots & & \vdots \\ a_{n1} & a_{n2} & \cdots & a_{nn} \end{vmatrix}=a_{11}a_{22}\cdots a_{nn}.$$

(2) 对角行列式的值等于主对角线上元素的乘积，即

$$\begin{vmatrix} a_{11} & 0 & \cdots & 0 \\ 0 & a_{22} & \cdots & 0 \\ \vdots & \vdots & & \vdots \\ 0 & 0 & \cdots & a_{nn} \end{vmatrix}=a_{11}a_{22}\cdots a_{nn}.$$

(3) 次三角形行列式的值由次对角线上的元素乘积添加适当的正、负号得到，即

$$\begin{vmatrix} a_{11} & \cdots & a_{1,n-1} & a_{1n} \\ a_{21} & \cdots & a_{2,n-1} & 0 \\ \vdots & \iddots & \vdots & \vdots \\ a_{n1} & \cdots & 0 & 0 \end{vmatrix} = \begin{vmatrix} 0 & \cdots & 0 & a_{1n} \\ 0 & \cdots & a_{2,n-1} & a_{2n} \\ \vdots & \iddots & \vdots & \vdots \\ a_{n1} & \cdots & a_{n,n-1} & a_{nn} \end{vmatrix}$$

$$= (-1)^{\frac{n(n-1)}{2}} a_{1n}a_{2,n-1}\cdots a_{n1}.$$

例 1 证明 $\begin{vmatrix} b+c & c+a & a+b \\ b_1+c_1 & c_1+a_1 & a_1+b_1 \\ b_2+c_2 & c_2+a_2 & a_2+b_2 \end{vmatrix} = 2\begin{vmatrix} a & b & c \\ a_1 & b_1 & c_1 \\ a_2 & b_2 & c_2 \end{vmatrix}$.

证明: 左边 $=\begin{vmatrix} b & c+a & a+b \\ b_1 & c_1+a_1 & a_1+b_1 \\ b_2 & c_2+a_2 & a_2+b_2 \end{vmatrix} + \begin{vmatrix} c & c+a & a+b \\ c_1 & c_1+a_1 & a_1+b_1 \\ c_2 & c_2+a_2 & a_2+b_2 \end{vmatrix}$

$$= \begin{vmatrix} b & c+a & a \\ b_1 & c_1+a_1 & a_1 \\ b_2 & c_2+a_2 & a_2 \end{vmatrix} + \begin{vmatrix} c & a & a+b \\ c_1 & a_1 & a_1+b_1 \\ c_2 & a_2 & a_2+b_2 \end{vmatrix} = \begin{vmatrix} b & c & a \\ b_1 & c_1 & a_1 \\ b_2 & c_2 & a_2 \end{vmatrix} + \begin{vmatrix} c & a & b \\ c_1 & a_1 & b_1 \\ c_2 & a_2 & b_2 \end{vmatrix}$$

$$= \begin{vmatrix} a & b & c \\ a_1 & b_1 & c_1 \\ a_2 & b_2 & c_2 \end{vmatrix} + \begin{vmatrix} a & b & c \\ a_1 & b_1 & c_1 \\ a_2 & b_2 & c_2 \end{vmatrix} = 2\begin{vmatrix} a & b & c \\ a_1 & b_1 & c_1 \\ a_2 & b_2 & c_2 \end{vmatrix} = \text{右边}.$$

例 2 计算 n 阶行列式 $D=\begin{vmatrix} a_1-b_1 & a_1-b_2 & \cdots & a_1-b_n \\ a_2-b_1 & a_2-b_2 & \cdots & a_2-b_n \\ \vdots & \vdots & & \vdots \\ a_n-b_1 & a_n-b_2 & \cdots & a_n-b_n \end{vmatrix}$.

解: $D = \begin{vmatrix} a_1 & a_1-b_2 & \cdots & a_1-b_n \\ a_2 & a_2-b_2 & \cdots & a_2-b_n \\ \vdots & \vdots & & \vdots \\ a_n & a_n-b_2 & \cdots & a_n-b_n \end{vmatrix} + \begin{vmatrix} -b_1 & a_1-b_2 & \cdots & a_1-b_n \\ -b_1 & a_2-b_2 & \cdots & a_2-b_n \\ \vdots & \vdots & & \vdots \\ -b_1 & a_n-b_2 & \cdots & a_n-b_n \end{vmatrix}$

$$= \begin{vmatrix} a_1 & -b_2 & \cdots & -b_n \\ a_2 & -b_2 & \cdots & -b_n \\ \vdots & \vdots & & \vdots \\ a_n & -b_2 & \cdots & -b_n \end{vmatrix} + (-b_1)\begin{vmatrix} 1 & a_1-b_2 & \cdots & a_1-b_n \\ 1 & a_2-b_2 & \cdots & a_2-b_n \\ \vdots & \vdots & & \vdots \\ 1 & a_n-b_2 & \cdots & a_n-b_n \end{vmatrix}$$

$$=(-b_2)(-b_3)\cdots(-b_n)\begin{vmatrix} a_1 & 1 & \cdots & 1 \\ a_2 & 1 & \cdots & 1 \\ \vdots & \vdots & & \vdots \\ a_n & 1 & \cdots & 1 \end{vmatrix}$$

$$+(-b_1)\begin{vmatrix} 1 & a_1 & \cdots & a_1 \\ 1 & a_2 & \cdots & a_2 \\ \vdots & \vdots & & \vdots \\ 1 & a_n & \cdots & a_n \end{vmatrix}=0.$$

例 3　计算 n 阶行列式 $D_n=\begin{vmatrix} a & b & b & \cdots & b \\ b & a & b & \cdots & b \\ \vdots & \vdots & \vdots & & \vdots \\ b & b & b & \cdots & a \end{vmatrix}$.

解： $D_n=\begin{vmatrix} a+(n-1)b & a+(n-1)b & a+(n-1)b & \cdots & a+(n-1)b \\ b & a & b & \cdots & b \\ \vdots & \vdots & \vdots & & \vdots \\ b & b & b & \cdots & a \end{vmatrix}$

$$=[a+(n-1)b]\begin{vmatrix} 1 & 1 & 1 & \cdots & 1 \\ b & a & b & \cdots & b \\ \vdots & \vdots & \vdots & & \vdots \\ b & b & b & \cdots & a \end{vmatrix}$$

$$=[a+(n-1)b]\begin{vmatrix} 1 & 1 & 1 & \cdots & 1 \\ 0 & a-b & 0 & \cdots & 0 \\ \vdots & \vdots & \vdots & & \vdots \\ 0 & 0 & 0 & \cdots & a-b \end{vmatrix}=[a+(n-1)b](a-b)^{n-1}.$$

例 4　计算 n 阶行列式 $D=\begin{vmatrix} x_1-m & x_2 & \cdots & x_n \\ x_1 & x_2-m & \cdots & x_n \\ \vdots & \vdots & & \vdots \\ x_1 & x_2 & \cdots & x_n-m \end{vmatrix}$.

解： $D=\begin{vmatrix} \sum_{i=1}^{n} x_i-m & x_2 & \cdots & x_n \\ \sum_{i=1}^{n} x_i-m & x_2-m & \cdots & x_n \\ \vdots & \vdots & & \vdots \\ \sum_{i=1}^{n} x_i-m & x_2 & \cdots & x_n-m \end{vmatrix}$

$$=(\sum_{i=1}^{n}x_i-m)\begin{vmatrix}1 & x_2 & \cdots & x_n\\1 & x_2-m & \cdots & x_n\\\vdots & \vdots & & \vdots\\1 & x_2 & \cdots & x_n-m\end{vmatrix}$$

$$=(\sum_{i=1}^{n}x_i-m)\begin{vmatrix}1 & x_2 & \cdots & x_n\\0 & -m & \cdots & 0\\\vdots & \vdots & & \vdots\\0 & 0 & \cdots & -m\end{vmatrix}=(-1)^{n-1}(\sum_{i=1}^{n}x_i-m)m^{n-1}.$$

A 类题

1. 填空题

(1) $\begin{vmatrix}c & a & d & b\\a & c & d & b\\a & c & b & d\\c & a & b & d\end{vmatrix}=$____________.

(2) $\begin{vmatrix}10x+10y & x & x+y\\10x+10y & x+y & x\\10x+10y & x & y\end{vmatrix}=$____________.

(3) $\begin{vmatrix}246 & 427 & 327\\2014 & 543 & 443\\-342 & 721 & 621\end{vmatrix}=$____________.

(4) 已知 $\begin{vmatrix}a & 0 & 0 & 2t\\1 & 0 & 1 & 2\\0 & 2 & b & 0\\1 & 0 & 0 & 2\end{vmatrix}=-1$,则 $D=\begin{vmatrix}a+1 & 0 & 0 & t+1\\0 & -2 & -b & 0\\1 & 0 & 1 & 1\\1 & 0 & 0 & 1\end{vmatrix}=$____________.

(5) 行列式 $\begin{vmatrix}1 & 2 & 3 & \cdots & 10\\2 & 3 & 4 & \cdots & 11\\3 & 4 & 5 & \cdots & 12\\\vdots & \vdots & \vdots & & \vdots\\10 & 11 & 12 & \cdots & 19\end{vmatrix}$ 的值为____________.

2. 计算下列行列式

(1) $\begin{vmatrix} 2 & 1 & 4 & 1 \\ 3 & -1 & 2 & 1 \\ 1 & 2 & 3 & 2 \\ 5 & 0 & 6 & 2 \end{vmatrix}$；

(2) $\begin{vmatrix} -ab & ac & ae \\ bd & -cd & de \\ bf & cf & -ef \end{vmatrix}$；

(3) $\begin{vmatrix} a & 1 & 0 & 0 \\ -1 & b & 1 & 0 \\ 0 & -1 & c & 1 \\ 0 & 0 & -1 & d \end{vmatrix}$；

(4) $D_n = \begin{vmatrix} b & a & \cdots & a \\ a & b & \cdots & a \\ \vdots & \vdots & & \vdots \\ a & a & \cdots & b \end{vmatrix}$.

B 类题

1. 设行列式 $\begin{vmatrix} x-2 & x-1 & x-2 & x-3 \\ 2x-2 & 2x-1 & 2x-2 & 2x-3 \\ 3x-3 & 3x-2 & 4x-5 & 3x-5 \\ 4x & 4x-3 & 5x-7 & 4x-3 \end{vmatrix}$ 为 $f(x)$，试求方程 $f(x)=0$ 的根.

2. 证明题

(1) $\begin{vmatrix} a^2 & (a+1)^2 & (a+2)^2 & (a+3)^2 \\ b^2 & (b+1)^2 & (b+2)^2 & (b+3)^2 \\ c^2 & (c+1)^2 & (c+2)^2 & (c+3)^2 \\ d^2 & (d+1)^2 & (d+2)^2 & (d+3)^2 \end{vmatrix} = 0$；

(2) 当 n 为奇数时，$D=\begin{vmatrix} 0 & a_{12} & a_{13} & \cdots & a_{1n} \\ -a_{12} & 0 & a_{23} & \cdots & a_{2n} \\ \vdots & \vdots & \vdots & & \vdots \\ -a_{1n} & -a_{2n} & -a_{3n} & \cdots & 0 \end{vmatrix}=0.$

第三节　行列式按行(列)展开

1. 余子式、代数余子式

在 n 阶行列式中，将元素 a_{ij} 所在的第 i 行第 j 列的元素划去后，剩下的元素按照原来的顺序构成的 $n-1$ 阶行列式，称为元素 a_{ij} 的余子式，记为 M_{ij}，而 $A_{ij}=(-1)^{i+j}M_{ij}$ 称为元素 a_{ij} 的代数余子式.

2. 行列式按一行(列)展开

(1)行列式的值等于其某一行(列)各元素与其对应的代数余子式的乘积之和，即

$$D=\begin{vmatrix} a_{11} & a_{12} & \cdots & a_{1n} \\ a_{21} & a_{22} & \cdots & a_{2n} \\ \vdots & \vdots & & \vdots \\ a_{n1} & a_{n2} & \cdots & a_{nn} \end{vmatrix}$$

$$=\begin{cases} a_{i1}A_{i1}+a_{i2}A_{i2}+\cdots+a_{in}A_{in}, & (i=1,2,\cdots,n) \\ a_{1j}A_{1j}+a_{2j}A_{2j}+\cdots+a_{nj}A_{nj}, & (j=1,2,\cdots,n) \end{cases}$$

(2)n 阶行列式中某一行(列)的元素与另一行(列)相应元素的代数余子式的乘积之和等于零，即

$$\begin{aligned} a_{i1}A_{j1}+a_{i2}A_{j2}+\cdots+a_{in}A_{jn}&=0 \\ a_{1i}A_{1j}+a_{2i}A_{2j}+\cdots+a_{ni}A_{nj}&=0 \end{aligned}\qquad (i\neq j)$$

例 1 计算 n 阶行列式 $D_n=\begin{vmatrix} a & & 1 \\ & \ddots & \\ 1 & & a \end{vmatrix}$,其中对角线上元素都是 a,未写出的元素都是 0.

解: 按第一行展开得

$$D_n = a^n + (-1)^{1+n}\begin{vmatrix} 0 & a & & \\ & 0 & \ddots & \\ & & \ddots & a \\ 1 & & & 0 \end{vmatrix}$$

$$= a^n + (-1)^{(1+n)+(n-1+1)}a^{n-2} = a^{n-2}(a^2-1).$$

例 2 设 $D=\begin{vmatrix} 1 & 7 & 8 & 9 \\ 1 & 1 & 1 & 1 \\ 2 & 0 & 4 & 6 \\ 1 & 2 & 3 & 4 \end{vmatrix}$,

求 $A_{41}+A_{42}+A_{43}+A_{44}$[其中 A_{4j} 为元素 $a_{4j}(j=1,2,3,4)$ 的代数余子式].

解: 根据行列式按行(列)展开公式,有

$$A_{41}+A_{42}+A_{43}+A_{44} = 1\cdot A_{41}+1\cdot A_{42}+1\cdot A_{43}+1\cdot A_{44}$$

$$= \begin{vmatrix} 1 & 7 & 8 & 9 \\ 1 & 1 & 1 & 1 \\ 2 & 0 & 4 & 6 \\ 1 & 1 & 1 & 1 \end{vmatrix} = 0.$$

例 3 计算 n 阶行列式

$$D_n = \begin{vmatrix} x & -1 & 0 & \cdots & 0 & 0 \\ 0 & x & -1 & \cdots & 0 & 0 \\ \vdots & \vdots & \vdots & & \vdots & \vdots \\ 0 & 0 & 0 & \cdots & x & -1 \\ a_n & a_{n-1} & a_{n-2} & \cdots & a_2 & a_1 \end{vmatrix}.$$

解: 由于第一行、第一列均只有两个非零元素,不妨按第一列展开得

$$D_n = xD_{n-1} + (-1)^{n+1}a_n\begin{vmatrix} -1 & 0 & \cdots & 0 & 0 \\ x & -1 & \cdots & 0 & 0 \\ \vdots & \vdots & & \vdots & \vdots \\ 0 & 0 & \cdots & x & -1 \end{vmatrix}$$

$$= xD_{n-1} + (-1)^{n+1}a_n(-1)^{n-1} = xD_{n-1} + a_n$$

由此递推，$D_n = xD_{n-1} + a_n = x[xD_{n-2} + a_{n-1}] + a_n = x^2 D_{n-2} + xa_{n-1} + a_n$

$$= \cdots$$

$$= x^{n-1}D_1 + x^{n-2}a_2 + \cdots + xa_{n-1} + a_n$$

$$= a_1 x^{n-1} + a_2 x^{n-2} + \cdots + a_{n-1}x + a_n .$$

例 4　计算 n 阶行列式

$$D_n = \begin{vmatrix} a_1 + x_1 & a_2 & a_3 & \cdots & a_{n-2} & a_{n-1} & a_n \\ -x_1 & x_2 & 0 & \cdots & 0 & 0 & 0 \\ 0 & -x_2 & x_3 & \cdots & 0 & 0 & 0 \\ \vdots & \vdots & \vdots & & \vdots & \vdots & \vdots \\ 0 & 0 & 0 & \cdots & x_{n-2} & 0 & 0 \\ 0 & 0 & 0 & \cdots & -x_{n-2} & x_{n-1} & 0 \\ 0 & 0 & 0 & \cdots & 0 & -x_{n-1} & x_n \end{vmatrix},$$

$x_i \neq 0 \quad (i = 1,2,\cdots,n)$.

解：先计算低阶行列式

$$D_2 = \begin{vmatrix} a_1 + x_1 & a_2 \\ -x_1 & x_2 \end{vmatrix} = (a_1 + x_1)x_2 + x_1 a_2 = x_1 x_2 \left(1 + \frac{a_1}{x_1} + \frac{a_2}{x_2}\right)$$

据此推测，$D_{k-1} = x_1 x_2 \cdots x_{k-1}\left(1 + \frac{a_1}{x_1} + \frac{a_2}{x_2} + \cdots + \frac{a_{k-1}}{x_{k-1}}\right)$；

再用数学归纳法证明当 $n=k$ 时推测成立.按最后一列展开，可得

$$D_k = x_k D_{k-1} + (-1)^{1+k} a_k (-x_1)(-x_2)\cdots(-x_{k-1})$$

$$= x_k x_1 x_2 \cdots x_{k-1}\left(1 + \frac{a_1}{x_1} + \cdots + \frac{a_{k-1}}{x_{k-1}}\right) + (-1)^{1+k+k-1} a_k x_1 \cdots x_{k-1}$$

$$= x_1 x_2 \cdots x_{k-1} x_k \left(1 + \frac{a_1}{x_1} + \cdots + \frac{a_{k-1}}{x_{k-1}} + \frac{a_k}{x_k}\right)$$

结论成立，所以原行列式 $D_n = x_1 x_2 \cdots x_n (1 + \frac{a_1}{x_1} + \cdots + \frac{a_n}{x_n})$.

例 5　计算 n 阶行列式

$$D_n = \begin{vmatrix} 1+a_1 & a_2 & \cdots & a_n \\ a_1 & 1+a_2 & \cdots & a_n \\ \vdots & \vdots & & \vdots \\ a_1 & a_2 & \cdots & 1+a_n \end{vmatrix}.$$

解：构造行列式

$$A_{n+1} = \begin{vmatrix} 1 & a_1 & a_2 & \cdots & a_n \\ 0 & 1+a_1 & a_2 & \cdots & a_n \\ 0 & a_1 & 1+a_2 & \cdots & a_n \\ \vdots & \vdots & \vdots & & \vdots \\ 0 & a_1 & a_2 & \cdots & 1+a_n \end{vmatrix} = D_n$$

又 $A_{n+1}=\begin{vmatrix} 1 & a_1 & a_2 & \cdots & a_n \\ -1 & 1 & 0 & \cdots & 0 \\ -1 & 0 & 1 & \cdots & 0 \\ \vdots & \vdots & \vdots & & \vdots \\ -1 & 0 & 0 & \cdots & 1 \end{vmatrix}=\begin{vmatrix} 1+\sum\limits_{i=1}^{n}a_i & a_1 & a_2 & \cdots & a_n \\ 0 & 1 & 0 & \cdots & 0 \\ 0 & 0 & 1 & \cdots & 0 \\ \vdots & \vdots & \vdots & & \vdots \\ 0 & 0 & 0 & \cdots & 1 \end{vmatrix}=1+\sum\limits_{i=1}^{n}a_i$

所以 $D_n=1+\sum\limits_{i=1}^{n}a_i$.

例 6 计算行列式

$$D_4=\begin{vmatrix} 1 & 1 & 1 & 1 \\ a & b & c & d \\ a^2 & b^2 & c^2 & d^2 \\ a^4 & b^4 & c^4 & d^4 \end{vmatrix}.$$

解: 构造行列式

$$A_5=\begin{vmatrix} 1 & 1 & 1 & 1 & 1 \\ a & b & c & d & x \\ a^2 & b^2 & c^2 & d^2 & x^2 \\ a^3 & b^3 & c^3 & d^3 & x^3 \\ a^4 & b^4 & c^4 & d^4 & x^4 \end{vmatrix}$$

这是一个范德蒙德行列式,可知

$A_5=(x-a)(x-b)(x-c)(x-d)(d-a)(d-b)(d-c)(c-a)(c-b)(b-a)$

将其按第五列展开,可得 $A_5=M_{15}-xM_{25}+x^2M_{35}-x^3M_{45}+x^4M_{55}$

又因为 A_5 与所求行列式 D_4 的关系是:$M_{45}=D_4$,而 A_5 中 x^3 的系数为$(-a-b-c-d)(d-a)(d-b)(d-c)(c-a)(c-b)(b-a)$,也即$-M_{45}$,所以

$$D_4=(a+b+c+d)(d-a)(d-b)(d-c)(c-a)(c-b)(b-a).$$

例 7 设 $P(x)=\begin{vmatrix} 1 & x & x^2 & \cdots & x^{n-1} \\ 1 & a_1 & a_1^2 & \cdots & a_1^{n-1} \\ \vdots & \vdots & \vdots & & \vdots \\ 1 & a_{n-1} & a_{n-1}^2 & \cdots & a_{n-1}^{n-1} \end{vmatrix}$,其中 $a_1,a_2,\cdots,a_{n-1}$是互不相同的数.

(1)说明 $P(x)$是一个 $n-1$ 次多项式;

(2)求 $P(x)=0$ 的根.

解: (1) 由于 $P(x)$中只有第一行出现 x 的各次幂,且最高次幂为 $n-1$,因此按第一行展开后,在不考虑符号时,x^{n-1} 的系数是一个范德蒙德行列式,且不为零(因为 a_1,$a_2,\cdots,a_{n-1}$是互不相同的数),故 $P(x)$是一个 $n-1$ 次多项式;

(2) 显然,当令 $x=a_1,a_2,\cdots,a_{n-1}$ 时,$P(x)$中均有两行相同,按照行列式的性质知

$P(x)$的值均为零，故 $a_1,a_2,\cdots,a_{n-1}$ 就是 $n-1$ 次多项式 $P(x)$的所有根.

A 类题

1. 填空题

(1) 行列式$\begin{vmatrix} -3 & 0 & 4 \\ 5 & 0 & 3 \\ 2 & -2 & 1 \end{vmatrix}$中元素 3 的代数余子式是________________.

(2) 设行列式 $D=\begin{vmatrix} 3 & 1 & 5 \\ 0 & 2 & -6 \\ 5 & -7 & 2 \end{vmatrix}$，则第三行各元素代数余子式之和为________.

2. 计算下面的行列式

(1) $\begin{vmatrix} 1 & 1 & 1 & 1 \\ 2 & 1 & 1 & -3 \\ 1 & 2 & 2 & 5 \\ 4 & 3 & 2 & 1 \end{vmatrix}$；

(2) $\begin{vmatrix} 1 & \frac{1}{2} & 1 & 1 \\ -\frac{1}{3} & 1 & 2 & 1 \\ \frac{1}{3} & 1 & -1 & \frac{1}{2} \\ -1 & 1 & 0 & \frac{1}{2} \end{vmatrix}$；

(3) $\begin{vmatrix} 0 & 1 & 2 & -1 & 4 \\ 2 & 0 & 1 & 2 & 1 \\ -1 & 3 & 5 & 1 & 2 \\ 3 & 3 & 1 & 2 & 1 \\ 2 & 1 & 0 & 3 & 5 \end{vmatrix}$;

(4) $\begin{vmatrix} 1 & \frac{1}{2} & 0 & 1 & -1 \\ 2 & 0 & -1 & 1 & 2 \\ 3 & 2 & 1 & \frac{1}{2} & 0 \\ 1 & -1 & 0 & 1 & 2 \\ 2 & 1 & 3 & 0 & \frac{1}{2} \end{vmatrix}$.

3. 设 $D=\begin{vmatrix} 1 & 5 & 7 & 8 \\ 1 & 1 & 1 & 1 \\ 2 & 0 & 3 & 6 \\ 1 & 2 & 3 & 4 \end{vmatrix}$,求 $M_{41}+M_{42}+M_{43}+M_{44}$

其中 M_{4j} 为 $a_{4j}(j=1,2,3,4)$的余子式.

B 类题

1. 计算 n 阶行列式

(1) $\begin{vmatrix} x & y & 0 & \cdots & 0 & 0 \\ 0 & x & y & \cdots & 0 & 0 \\ 0 & 0 & x & \cdots & 0 & 0 \\ \vdots & \vdots & \vdots & & \vdots & \vdots \\ 0 & 0 & 0 & \cdots & x & y \\ y & 0 & 0 & \cdots & 0 & x \end{vmatrix}$；

(2) $\begin{vmatrix} 1 & 2 & 3 & \cdots & n-1 & n \\ 1 & -1 & 0 & \cdots & 0 & 0 \\ 0 & 2 & -2 & \cdots & 0 & 0 \\ \vdots & \vdots & \vdots & & \vdots & \vdots \\ 0 & 0 & 0 & \cdots & 2-n & 0 \\ y & 0 & 0 & \cdots & n-1 & 1-n \end{vmatrix}$；

(3) $\begin{vmatrix} 1 & 2 & 2 & \cdots & 2 \\ 2 & 2 & 2 & \cdots & 2 \\ 2 & 2 & 3 & \cdots & 2 \\ \vdots & \vdots & \vdots & & \vdots \\ 2 & 2 & 2 & \cdots & n \end{vmatrix}$.

2. 证明 $\begin{vmatrix} x & 0 & 0 & \cdots & 0 & a_0 \\ -1 & x & 0 & \cdots & 0 & a_1 \\ 0 & -1 & x & \cdots & 0 & a_2 \\ \vdots & \vdots & \vdots & & \vdots & \vdots \\ 0 & 0 & 0 & \cdots & x & a_{n-2} \\ 0 & 0 & 0 & \cdots & -1 & x+a_{n-1} \end{vmatrix} = x^n + a_{n-1}x^{n-1} + \cdots + a_1 x + a_0$.

第二章　矩阵的初等变换与线性方程组

初等变换非常有用，可以应用到求矩阵的秩，求向量组的极大无关组、秩，求解线性方程组等. 本章介绍矩阵的初等变换及其在线性方程组的应用.

第一节　矩阵的初等变换

1. 矩阵的初等变换与标准形

(1)下面三种变换称为矩阵的初等行变换：

①交换两行；

②用一个非零常数乘以某行；

③把某一行所有元素的 k 倍加到另一行对应的元素上去.

(2)矩阵的初等行变换与初等列变换统称初等变换.

(3)任一 $m\times n$ 矩阵 $\boldsymbol{A}$ 总可以经过有限次初等行变换把它化为行阶梯形矩阵和行最简形矩阵，如果再加初等列变换，可最终化为矩阵 $\begin{pmatrix}\boldsymbol{E}_r & \boldsymbol{O}\\ \boldsymbol{O} & \boldsymbol{O}\end{pmatrix}_{m\times n}$，其中 $\boldsymbol{E}_r$ 为 r 阶单位矩阵. $\boldsymbol{F}=\begin{pmatrix}\boldsymbol{E}_r & \boldsymbol{O}\\ \boldsymbol{O} & \boldsymbol{O}\end{pmatrix}_{m\times n}$ 称为矩阵 $\boldsymbol{A}$ 的标准形.

2. 初等矩阵

对单位矩阵 $\boldsymbol{E}$ 施行一次初等变换后得到的方阵称为初等矩阵. 设 $\boldsymbol{A},\boldsymbol{B}$ 是 $m\times n$ 矩阵，则

(1)初等矩阵的转置矩阵仍为初等矩阵；

(2)初等矩阵均可逆；

(3) 对 $\boldsymbol{A}$ 施行一次初等行变换，相当于用相应的 m 阶初等矩阵左乘 $\boldsymbol{A}$；对 $\boldsymbol{A}$ 施行一次初等列变换，相当于用相应的 n 阶初等矩阵右乘 $\boldsymbol{A}$；

(4) n 阶方阵 $\boldsymbol{A}$ 可逆的充要条件是存在有限个初等方阵 $\boldsymbol{P}_1,\boldsymbol{P}_2,\cdots,\boldsymbol{P}_l$，使 $\boldsymbol{A}=\boldsymbol{P}_1\boldsymbol{P}_2\cdots\boldsymbol{P}_l$；

(5) $\boldsymbol{A}\overset{r}{\sim}\boldsymbol{B}$ 的充要条件是存在 m 阶可逆矩阵 $\boldsymbol{P}$，使 $\boldsymbol{PA}=\boldsymbol{B}$；

(6)$\boldsymbol{A}\overset{c}{\sim}\boldsymbol{B}$ 的充要条件是存在 n 阶可逆矩阵 $\boldsymbol{Q}$，使 $\boldsymbol{AQ}=\boldsymbol{B}$；

(7)$\boldsymbol{A}\sim\boldsymbol{B}$ 的充要条件是存在 m 阶可逆矩阵 $\boldsymbol{P}$ 及 n 阶可逆矩阵 $\boldsymbol{Q}$，使 $\boldsymbol{PAQ}=\boldsymbol{B}$；

(8)方阵 $\boldsymbol{A}$ 可逆的充分必要条件是 $\boldsymbol{A}\overset{r}{\sim}\boldsymbol{E}$.

3. 利用初等变换求逆矩阵：$(\boldsymbol{A},\boldsymbol{E})\xrightarrow{\text{初等行变换}}(\boldsymbol{E},\boldsymbol{A}^{-1})$.

4. 设矩阵 $\boldsymbol{A}$, $\boldsymbol{B}$, $\boldsymbol{C}$ 为已知矩阵，$\boldsymbol{X}$ 是待求矩阵. 形如 $\boldsymbol{AX}=\boldsymbol{B}$，$\boldsymbol{XA}=\boldsymbol{B}$，$\boldsymbol{AXB}=\boldsymbol{C}$ 都叫矩阵方程.

典型例题

例 1 用初等变换将下列矩阵化为标准形.

$$\boldsymbol{A}=\begin{pmatrix}1&4&-1&0\\0&0&-1&-1\\-1&-4&2&-1\\2&8&1&1\end{pmatrix}$$

解：将第一行加到第三行；第一行的 -2 倍加到第四行；第一列的 -4 倍加到第二列；第一列加到第三列，得

$$\boldsymbol{A}=\begin{pmatrix}1&4&-1&0\\0&0&-1&-1\\-1&-4&2&-1\\2&8&1&1\end{pmatrix}\underset{\substack{c_2-4c_1\\c_3+c_1}}{\overset{\substack{r_3+r_1\\r_4-2r_1}}{\sim}}\begin{pmatrix}1&0&0&0\\0&0&-1&-1\\0&0&1&-1\\0&0&3&1\end{pmatrix}$$

交换第二列与第三列；再交换第三列与第四列；第二行乘以 -1，得到

$$\underset{\substack{c_2\leftrightarrow c_3\\c_3\leftrightarrow c_4}}{\sim}\begin{pmatrix}1&0&0&0\\0&-1&-1&0\\0&1&-1&0\\0&3&1&0\end{pmatrix}\overset{-r_2}{\sim}\begin{pmatrix}1&0&0&0\\0&1&1&0\\0&1&-1&0\\0&3&1&0\end{pmatrix}$$

第二行的 -1 倍加到第三行；第二行的 -3 倍加到第四行；第二列的 -1 倍加到第三列得

$$\underset{c_3-c_1}{\overset{\substack{r_3-r_2\\r_4-3r_2}}{\sim}}\begin{pmatrix}1&0&0&0\\0&1&0&0\\0&0&-2&0\\0&0&-2&0\end{pmatrix}$$

第三行的 -1 倍加到第四行，第三行乘以 $-\dfrac{1}{2}$，得到

$$\underset{\sim}{\overset{r_4-r_1}{-\frac{1}{2}r_3}}\begin{pmatrix}\boldsymbol{E}_3 & \boldsymbol{O}\\ \boldsymbol{O} & \boldsymbol{O}\end{pmatrix}.$$

例 2　设 $\boldsymbol{A}=\begin{pmatrix}1&2&3\\2&2&1\\3&4&3\end{pmatrix}$，求 $\boldsymbol{A}^{-1}$.

解：

$$(A,E)=\begin{pmatrix}1&2&3&1&0&0\\2&2&1&0&1&0\\3&4&3&0&0&1\end{pmatrix}\xrightarrow[r_3-3r_1]{r_2-2r_1}\begin{pmatrix}1&2&3&1&0&0\\0&-2&-5&-2&1&0\\0&-2&-6&-3&0&1\end{pmatrix}$$

$$\xrightarrow[r_3-r_2]{r_1+r_2}\begin{pmatrix}1&0&-2&-1&1&0\\0&-2&-5&-2&1&0\\0&0&-1&-1&-1&1\end{pmatrix}\xrightarrow[r_2-5r_3]{r_1-2r_3}\begin{pmatrix}1&0&0&1&3&-2\\0&-2&0&3&6&-5\\0&0&-1&-1&-1&1\end{pmatrix}$$

$$\xrightarrow[r_3\div(-1)]{r_2\div(-2)}\begin{pmatrix}1&0&0&1&3&-2\\0&1&0&-\frac{3}{2}&-3&\frac{5}{2}\\0&0&1&1&1&-1\end{pmatrix}$$

所以　$\boldsymbol{A}^{-1}=\begin{pmatrix}1&3&-2\\-\frac{3}{2}&-3&\frac{5}{2}\\1&1&-1\end{pmatrix}$.

例 3　求解下列矩阵方程

(1) $\begin{pmatrix}1&5\\1&4\end{pmatrix}\boldsymbol{X}=\begin{pmatrix}3&2\\1&2\end{pmatrix}$；　(2) $\boldsymbol{X}\begin{pmatrix}1&-1&1\\1&1&0\\2&1&1\end{pmatrix}=\begin{pmatrix}1&2&-3\\2&0&4\\0&-1&5\end{pmatrix}$.

解：(1) 将方程记为 $\boldsymbol{AX}=\boldsymbol{B}$，

$$(\boldsymbol{A},\boldsymbol{E})=\begin{pmatrix}1&5&1&0\\1&4&0&1\end{pmatrix}\xrightarrow{r}\begin{pmatrix}1&0&-4&5\\0&1&1&-1\end{pmatrix},$$

又 $\boldsymbol{A}$ 可逆，且有 $\boldsymbol{A}^{-1}=\begin{pmatrix}-4&5\\1&-1\end{pmatrix}$.　所以　$\boldsymbol{X}=\boldsymbol{A}^{-1}\boldsymbol{B}\begin{pmatrix}-7&2\\2&0\end{pmatrix}$.

(2) 将方程记为 $\boldsymbol{XA}=\boldsymbol{B}$，

$$(\boldsymbol{A},\boldsymbol{E})=\begin{pmatrix}1&-1&1&1&0&0\\1&1&0&0&1&0\\2&1&1&0&0&1\end{pmatrix}\xrightarrow{r}\begin{pmatrix}1&0&0&1&2&-1\\0&1&0&-1&-1&1\\0&0&1&-1&-3&2\end{pmatrix},$$

$\boldsymbol{A}$ 可逆，且有

$$A^{-1}=\begin{pmatrix}1&2&-1\\-1&-1&1\\-1&-3&2\end{pmatrix}，所以\ X=BA^{-1}=\begin{pmatrix}2&9&-5\\-2&-8&6\\-4&-14&9\end{pmatrix}.$$

例 4 设矩阵 $\boldsymbol{A},\boldsymbol{B}$ 满足方程 $\boldsymbol{AB}=\boldsymbol{A}+2\boldsymbol{B}$，其中 $\boldsymbol{A}=\begin{pmatrix}3&0&1\\1&1&0\\0&1&4\end{pmatrix}$，求矩阵 $\boldsymbol{B}$.

解： 将方程改写为 $(\boldsymbol{A}-2\boldsymbol{E})\boldsymbol{B}=\boldsymbol{A}$，又 $\boldsymbol{A}-2\boldsymbol{E}=\begin{pmatrix}1&0&1\\1&-1&0\\0&1&2\end{pmatrix}$，

$$(\boldsymbol{A}-2\boldsymbol{E},\boldsymbol{E})=\begin{pmatrix}1&0&1&1&0&0\\1&-1&0&0&1&0\\0&1&2&0&0&1\end{pmatrix}\xrightarrow{r}\begin{pmatrix}1&0&0&2&-1&-1\\0&1&0&2&-2&-1\\0&0&1&-1&1&1\end{pmatrix},$$

所以 $\boldsymbol{A}-2\boldsymbol{E}$ 可逆，且有 $(\boldsymbol{A}-2\boldsymbol{E})^{-1}=\begin{pmatrix}2&-1&-1\\2&-2&-1\\-1&1&1\end{pmatrix}$，

所以

$$\boldsymbol{B}=(\boldsymbol{A}-2\boldsymbol{E})^{-1}\boldsymbol{A}=\begin{pmatrix}5&-2&-2\\4&-3&-2\\-2&2&3\end{pmatrix}.$$

A 类题

1. 判断题

(1)初等矩阵的转置矩阵仍为初等矩阵. ( )

(2)矩阵 $\boldsymbol{A}$ 可逆的充分必要条件是 $\boldsymbol{A}$ 可表示为若干个初等矩阵的乘积. ( )

(3)两个初等矩阵的乘积还是初等矩阵. ( )

(4)对单位矩阵施行初等变换后得到的矩阵都是初等矩阵. ( )

(5)任何一个 $m\times n$ 矩阵 $\boldsymbol{A}$，仅经过初等行变换可化为标准形，即 $\begin{pmatrix}\boldsymbol{E}_r&\boldsymbol{O}\\\boldsymbol{O}&\boldsymbol{O}\end{pmatrix}$ 形式. ( )

(6)可逆矩阵经过初等变换后仍可逆. ( )

2. 填空题

(1)矩阵 $\begin{pmatrix}2&-1&3&1\\4&2&5&4\\2&0&2&6\end{pmatrix}$ 的行最简形是____________________.

(2)矩阵$\begin{pmatrix}1 & -1 & 2\\3 & -3 & 1\end{pmatrix}$的标准形为________.

(3)矩阵$A=\begin{pmatrix}2 & 3 & 1 & -3 & -7\\1 & 2 & 0 & -2 & -4\\3 & -2 & 8 & 3 & 0\\2 & -3 & 7 & 4 & 3\end{pmatrix}$的行最简形为________，标准形为________.

(4)设$A=\begin{pmatrix}4 & 0\\-1 & -2\end{pmatrix}$，将$A$表示成3个初等矩阵的乘积________.

(5)已知$\begin{pmatrix}1 & 0\\0 & 2\end{pmatrix}A\begin{pmatrix}0 & 1\\1 & 0\end{pmatrix}=\begin{pmatrix}1 & 2\\3 & 4\end{pmatrix}$，则$A=$________.

3.选择题

(1)矩阵$A=\begin{pmatrix}1 & -2 & 3 & -1\\2 & -1 & 2 & 2\\3 & 1 & 2 & 3\end{pmatrix}$的行最简形是________.

(A)$\begin{pmatrix}1 & 0 & 0 & 0\\0 & 1 & 0 & 0\\0 & 0 & 1 & 0\\0 & 0 & 0 & 1\end{pmatrix}$　　(B)$\begin{pmatrix}1 & -2 & 3 & -1\\0 & 1 & -1 & 2\\0 & 0 & -7 & 10\end{pmatrix}$

(C)$\begin{pmatrix}1 & -2 & 3 & -1\\0 & 1 & 1 & -2\\0 & 0 & 1 & -\frac{10}{7}\end{pmatrix}$　　(D)$\begin{pmatrix}1 & 0 & 0 & \frac{15}{7}\\0 & 1 & 0 & -\frac{4}{7}\\0 & 0 & 1 & -\frac{10}{7}\end{pmatrix}$

(2)下列矩阵中，________不是初等矩阵.

(A)$\begin{pmatrix}0 & 0 & 1\\0 & 1 & 0\\-1 & 0 & 0\end{pmatrix}$　(B)$\begin{pmatrix}0 & 0 & 1\\0 & 1 & 0\\1 & 0 & 0\end{pmatrix}$　(C)$\begin{pmatrix}1 & 0 & 0\\0 & 7 & 0\\0 & 0 & 1\end{pmatrix}$　(D)$\begin{pmatrix}1 & 0 & 0\\0 & 1 & 0\\5 & 0 & 1\end{pmatrix}$

(3)矩阵$A=\begin{pmatrix}2 & 1 & 1\\3 & 1 & 1\\2 & 7 & 8\end{pmatrix}$左乘初等矩阵$\begin{pmatrix}0 & 1 & 0\\1 & 0 & 0\\0 & 0 & 1\end{pmatrix}$相当于进行________的初等行变换.

(A) $r_2\leftrightarrow r_3$　(B) $r_1\leftrightarrow r_2$　(C) $r_2\times 2$　(D) $r_1\times 2$

(4)当$P=$________时，$P\begin{pmatrix}a_{11} & a_{12} & a_{13}\\a_{21} & a_{22} & a_{23}\\a_{31} & a_{32} & a_{33}\end{pmatrix}=\begin{pmatrix}a_{11} & a_{12} & a_{13}\\a_{21} & a_{22} & a_{23}\\a_{31}-3a_{11} & a_{32}-3a_{12} & a_{33}-3a_{13}\end{pmatrix}$.

(A) $\begin{pmatrix}1&0&0\\0&1&0\\-3&0&1\end{pmatrix}$ (B) $\begin{pmatrix}1&0&-3\\0&1&0\\0&0&1\end{pmatrix}$ (C) $\begin{pmatrix}0&0&-3\\0&1&0\\1&0&1\end{pmatrix}$ (D) $\begin{pmatrix}1&0&0\\0&1&0\\0&-3&1\end{pmatrix}$

(5)设 $\boldsymbol{A},\boldsymbol{B}$ 为同阶可逆矩阵,则____________.

(A) $\boldsymbol{AB}=\boldsymbol{BA}$　　(B) 存在可逆矩阵 $\boldsymbol{P}$,使 $\boldsymbol{P}^{-1}\boldsymbol{AP}=\boldsymbol{B}$

(C) 存在可逆矩阵 $\boldsymbol{P}$,使 $\boldsymbol{P}^{\mathrm{T}}\boldsymbol{AP}=\boldsymbol{B}$　　(D) 存在可逆矩阵 $\boldsymbol{P}$ 和 $\boldsymbol{Q}$,使 $\boldsymbol{PAQ}=\boldsymbol{B}$

(6)设 $\boldsymbol{A}=\begin{pmatrix}a_{11}&a_{12}&a_{13}\\a_{21}&a_{22}&a_{23}\\a_{31}&a_{32}&a_{33}\end{pmatrix}$, $\boldsymbol{B}=\begin{pmatrix}a_{21}&a_{22}&a_{23}\\a_{11}&a_{12}&a_{13}\\a_{31}+a_{11}&a_{32}+a_{12}&a_{33}+a_{13}\end{pmatrix}$,

$\boldsymbol{P}_1=\begin{pmatrix}0&1&0\\1&0&0\\0&0&1\end{pmatrix}$, $\boldsymbol{P}_2=\begin{pmatrix}1&0&0\\0&1&0\\1&0&1\end{pmatrix}$,则必有____________.

(A) $\boldsymbol{AP}_1\boldsymbol{P}_2=\boldsymbol{B}$　　(B) $\boldsymbol{AP}_2\boldsymbol{P}_1=\boldsymbol{B}$　　(C) $\boldsymbol{P}_1\boldsymbol{P}_2\boldsymbol{A}=\boldsymbol{B}$　　(D) $\boldsymbol{P}_2\boldsymbol{P}_1\boldsymbol{A}=\boldsymbol{B}$

(7)设 n 阶矩阵 $\boldsymbol{A}$ 与 $\boldsymbol{B}$ 等价,则必有____________.

(A) 当 $|\boldsymbol{A}|=a(a\neq0)$ 时, $|\boldsymbol{B}|=a$　　(B) 当 $|\boldsymbol{A}|=a(a\neq0)$ 时, $|\boldsymbol{B}|=-a$

(C) 当 $|\boldsymbol{A}|\neq0$ 时, $|\boldsymbol{B}|=0$　　(D) 当 $|\boldsymbol{A}|=0$ 时, $|\boldsymbol{B}|=0$

(8)设 $\boldsymbol{A}$ 是 3 阶方阵,将 $\boldsymbol{A}$ 的第 1 行与第 2 行交换得 $\boldsymbol{B}$,再把 $\boldsymbol{B}$ 的第 2 行加到第 3 行得 $\boldsymbol{C}$,则满足 $\boldsymbol{QA}=\boldsymbol{C}$ 的可逆矩阵 $\boldsymbol{Q}$ 为__________.

(A) $\begin{pmatrix}0&1&0\\1&0&0\\1&0&1\end{pmatrix}$ (B) $\begin{pmatrix}0&1&0\\1&0&1\\0&0&1\end{pmatrix}$ (C) $\begin{pmatrix}0&1&0\\1&0&0\\0&1&1\end{pmatrix}$ (D) $\begin{pmatrix}0&1&1\\1&0&0\\0&0&1\end{pmatrix}$

4. 计算题

(1)用初等行变换求矩阵 $\boldsymbol{A}=\begin{pmatrix}1&2&-1\\3&1&0\\-1&0&-2\end{pmatrix}$ 的逆矩阵 $\boldsymbol{A}^{-1}$.

(2)求矩阵 $\boldsymbol{X}$ 使 $\boldsymbol{AX}=\boldsymbol{B}$,其中

$$\boldsymbol{A}=\begin{pmatrix}3&5\\1&2\end{pmatrix},\quad \boldsymbol{B}=\begin{pmatrix}4&-1&2\\3&0&-1\end{pmatrix}.$$

B 类题

1. 已知 $\boldsymbol{X}=\boldsymbol{AX}+\boldsymbol{B}$，其中 $\boldsymbol{A}=\begin{pmatrix}0&1&0\\-1&1&1\\-1&0&-1\end{pmatrix}$，$\boldsymbol{B}=\begin{pmatrix}1&-1\\2&0\\5&3\end{pmatrix}$，求矩阵 $\boldsymbol{X}$.

2. 设 $\boldsymbol{A}$ 是 n 阶可逆矩阵，将 $\boldsymbol{A}$ 的第 i 行和第 j 行对换后得到的矩阵记为 $\boldsymbol{B}$，

(1)证明 $\boldsymbol{B}$ 可逆；(2)求 $\boldsymbol{AB}^{-1}$.

第二节　矩阵的秩

1. k 阶子式

在 $m\times n$ 矩阵 $\boldsymbol{A}$ 中，任取 k 行与 k 列（$k\leqslant m,k\leqslant n$），位于这些行列交叉处的 k^2 个元素，不改变它们在 $\boldsymbol{A}$ 中所处的位置次序而得到的 k 阶行列式，称为矩阵 $\boldsymbol{A}$ 的 k 阶子式.

2. 几个简单结论

(1) 矩阵和的秩不超过矩阵秩的和，即 $\boldsymbol{R}(\boldsymbol{A}+\boldsymbol{B})\leqslant\boldsymbol{R}(\boldsymbol{A})+\boldsymbol{R}(\boldsymbol{B})$；

(2) $R(\boldsymbol{AB})\leqslant\min[\boldsymbol{R}(\boldsymbol{A}),\boldsymbol{R}(\boldsymbol{B})]$；

(3) $R(\boldsymbol{A}^{\mathrm{T}})=R(\boldsymbol{A})$；

(4) $\boldsymbol{A}\sim\boldsymbol{B}$，则 $R(\boldsymbol{A})=R(\boldsymbol{B})$；

(5)若 $\boldsymbol{P}$、$\boldsymbol{Q}$ 可逆，则 $R(\boldsymbol{PAQ})=R(\boldsymbol{A})$；

(6) $\max\{R(\boldsymbol{A}),R(\boldsymbol{B})\}\leqslant R(\boldsymbol{A},\boldsymbol{B})\leqslant R(\boldsymbol{A})+R(\boldsymbol{B})$；

(7) $R(\boldsymbol{A}+\boldsymbol{B})\leqslant R(\boldsymbol{A})+R(\boldsymbol{B})$；

(8) $\boldsymbol{A}_{m\times n}\boldsymbol{B}_{n\times l}=\boldsymbol{O}$，则 $R(\boldsymbol{A})+R(\boldsymbol{B})\leqslant n$.

例 1 设矩阵 $A=\begin{pmatrix} k & 1 & 1 & 1 \\ 1 & k & 1 & 1 \\ 1 & 1 & k & 1 \\ 1 & 1 & 1 & k \end{pmatrix}$,且 $R(A)=3$,求 k.

分析 本题是一个关于矩阵秩的问题,已知 A 是 4×4 的方阵,且 $R(A)=3$,这说明该矩阵行列式为零,利用该条件我们可以得到 k 的值.

解: 因为 $R(A)=3$,所以 $|A|=0$,而

$$|A|=\begin{vmatrix} k & 1 & 1 & 1 \\ 1 & k & 1 & 1 \\ 1 & 1 & k & 1 \\ 1 & 1 & 1 & k \end{vmatrix}=(k-1)^3(k+3)$$

所以由 $|A|=0$ 有 $k=1$ 或 $k=-3$,但当 $k=1$ 时 $R(A)=1\neq3$,故 $k=-3$.

例 2 设 $A=\begin{pmatrix} 3 & 2 & 0 & 5 & 0 \\ 3 & -2 & 3 & 6 & -1 \\ 2 & 0 & 1 & 5 & -3 \\ 1 & 6 & -4 & -1 & 4 \end{pmatrix}$,求矩阵 A 的秩,并求 A 的一个最高阶非零子式.

解: 对 A 做初等行变换,变成行阶梯形矩阵

$$A=\begin{pmatrix} 3 & 2 & 0 & 5 & 0 \\ 3 & -2 & 3 & 6 & -1 \\ 2 & 0 & 1 & 5 & -3 \\ 1 & 6 & -4 & -1 & 4 \end{pmatrix} \overset{r_1\leftrightarrow r_4}{\sim} \begin{pmatrix} 1 & 6 & -4 & -1 & 4 \\ 3 & -2 & 3 & 6 & -1 \\ 2 & 0 & 1 & 5 & -3 \\ 3 & 2 & 0 & 5 & 0 \end{pmatrix}$$

$$\overset{r_2-r_4}{\sim} \begin{pmatrix} 1 & 6 & -4 & -1 & 4 \\ 0 & -4 & 3 & 1 & -1 \\ 2 & 0 & 1 & 5 & -3 \\ 3 & 2 & 0 & 5 & 0 \end{pmatrix} \overset{\substack{r_3-2r_1 \\ r_4-3r_1}}{\sim} \begin{pmatrix} 1 & 6 & -4 & -1 & 4 \\ 0 & -4 & 3 & 1 & -1 \\ 0 & -12 & 9 & 7 & -11 \\ 0 & -16 & 12 & 8 & -12 \end{pmatrix}$$

$$\overset{\substack{r_3-3r_2 \\ r_4-4r_2}}{\sim} \begin{pmatrix} 1 & 6 & -4 & -1 & 4 \\ 0 & -4 & 3 & 1 & -1 \\ 0 & 0 & 0 & 4 & -8 \\ 0 & 0 & 0 & 4 & -8 \end{pmatrix} \overset{r_4-r_3}{\sim} \begin{pmatrix} 1 & 6 & -4 & -1 & 4 \\ 0 & -4 & 3 & 1 & -1 \\ 0 & 0 & 0 & 4 & -8 \\ 0 & 0 & 0 & 0 & 0 \end{pmatrix}$$

由阶梯形矩阵有三个非零行可知 $R(A)=3$. 接下来求 A 的一个最高阶子式,因为 $R(A)=3$,所以 A 的最高阶非零子式的阶数为 3. A 的 3 阶子式共有 $C_4^3\cdot C_5^3=40$ 个. 考察

$\boldsymbol{A}$ 的行阶梯形矩阵，记 $\boldsymbol{A}=(a_1,a_2,a_3,a_4,a_5)$，则矩阵 $\boldsymbol{B}=(a_1,a_2,a_4)$ 的行阶梯形矩阵为 $\begin{pmatrix}1&6&-1\\0&-4&1\\0&0&4\\0&0&0\end{pmatrix}$，又 $R(\boldsymbol{B})=3$，故 $\boldsymbol{B}$ 中必有 3 阶非零子式. 计算 $\boldsymbol{B}$ 的前三行构成的子式 $\begin{vmatrix}3&2&5\\3&-2&6\\2&0&5\end{vmatrix}\overset{r_2+r_1}{=}\begin{vmatrix}3&2&5\\6&0&11\\2&0&5\end{vmatrix}=-2\begin{vmatrix}6&11\\2&5\end{vmatrix}=-16\neq0$，则这个子式便是 $\boldsymbol{A}$ 的一个最高阶非零子式.

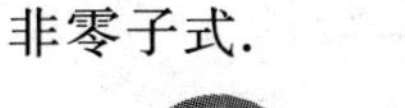

练习题

A类题

1. 判断题

(1) n 阶方阵的秩等于 n.　(　　)

(2) n 阶零矩阵与 m 阶零矩阵的秩相等.　(　　)

(3) 对于任何 $m\times n$ 矩阵 $\boldsymbol{A}$，$R(\boldsymbol{A})\leqslant\min\{m,n\}$.　(　　)

(4) 矩阵 $\boldsymbol{A}$ 的秩与转置矩阵 $\boldsymbol{A}^{\mathrm{T}}$ 的秩相等.　(　　)

(5) 若 $R(\boldsymbol{A})=r$，则矩阵 $\boldsymbol{A}$ 的阶数小于 r 的子式都不为零.　(　　)

(6) 在秩为 5 的 6×7 阶矩阵中，一定有不等于 0 的 6 阶子式.　(　　)

(7) 在秩为 5 的 6×7 阶矩阵中，一定没有不等于 0 的 5 阶子式.　(　　)

(8) 在 $m\times n$ 阶矩阵 $\boldsymbol{A}$ 中去掉一行(或一列)得矩阵 $\boldsymbol{B}$，则 $R(\boldsymbol{A})\geqslant R(\boldsymbol{B})$.　(　　)

(9) 对任意两个 n 阶方阵 $\boldsymbol{A},\boldsymbol{B}$，因为 $|\boldsymbol{AB}|=|\boldsymbol{A}||\boldsymbol{B}|$，所以 $R(\boldsymbol{AB})=R(\boldsymbol{A})R(\boldsymbol{B})$.　(　　)

(10) 满秩矩阵一定存在逆矩阵.　(　　)

2. 填空题

(1) 矩阵 $\boldsymbol{A}=\begin{pmatrix}1&2&3\\2&4&6\\3&6&9\end{pmatrix}$ 的秩为________，$\boldsymbol{B}=\begin{pmatrix}3&1&0&2\\1&-1&2&-1\\1&3&-4&4\end{pmatrix}$ 的秩为________.

(2) 设矩阵 $\boldsymbol{A}=\begin{pmatrix}1&2&1\\2&3&a+2\\1&a&-2\\2&a+2&-1\end{pmatrix}$，且 $R(\boldsymbol{A})=2$，则 $a=$____________.

(3) 设 $\boldsymbol{A}$ 是 4×3 矩阵，且 $R(\boldsymbol{A})=3$，而 $\boldsymbol{B}=\begin{pmatrix}1&0&2\\0&2&0\\-1&0&3\end{pmatrix}$，则 $R(\boldsymbol{AB})=$________.

3. 选择题

(1) $\boldsymbol{A}=\begin{pmatrix}1&2&0&0\\3&4&0&0\\0&0&2&3\\0&0&4&5\end{pmatrix}$, $R(\boldsymbol{A})=$____________.

(A) 1　　(B) 2　　(C) 3　　(D) 4

(2) 若 $\boldsymbol{A}=\begin{pmatrix}1&0&0&1\\1&2&0&-1\\3&-1&0&4\\1&4&5&1\end{pmatrix}$, $\boldsymbol{B}=\begin{pmatrix}1&3&-1&-2\\2&-1&2&3\\3&2&1&1\\1&-4&3&5\end{pmatrix}$, 则有________.

(A) $R(\boldsymbol{A})=3, R(\boldsymbol{B})=3$　　(B) $R(\boldsymbol{A})=2, R(\boldsymbol{B})=2$

(C) $R(\boldsymbol{A})=3, R(\boldsymbol{B})=2$　　(D) $R(\boldsymbol{A})=2, R(\boldsymbol{B})=2$

(3) 已知 2 阶矩阵 $\boldsymbol{A}$ 的伴随矩阵 $\boldsymbol{A}^*$ 的秩为 2, 则 $\boldsymbol{A}$ 的秩为________.

(A)0　　(B) 1　　(C) 2　　(D)不确定

(4) 若 $\boldsymbol{A}=\begin{pmatrix}1&2&4\\2&\lambda&1\\1&1&0\end{pmatrix}$, 为使矩阵 $\boldsymbol{A}$ 的秩有最小值, 则 λ 应为________.

(A) 2　　(B) -1　　(C) $\frac{9}{4}$　　(D) $\frac{1}{2}$

(5) 矩阵________的秩有可能大于 5.

(A) $\boldsymbol{E}_5$　　(B) $\boldsymbol{A}_{4\times5}$　　(C) $\boldsymbol{A}_{6\times7}$　　(D) $\boldsymbol{A}_{15\times3}$

(6) 奇异方阵经过________后, 矩阵的秩有可能改变.

(A)初等变换　　(B)左乘初等矩阵

(C)左、右同乘初等矩阵　　(D)和一个单位矩阵相加

(7) 若矩阵 $\boldsymbol{A}$ 的秩为 r, 则________成立.

(A) $\boldsymbol{A}$ 中所有子式都不为零　　(B) $\boldsymbol{A}$ 中存在不等于零的 r 阶子式

(C) $\boldsymbol{A}$ 中所有 r 阶子式都不为零　　(D) $\boldsymbol{A}$ 中存在不等于零的 $r+1$ 阶子式

(8) 设 $\boldsymbol{A},\boldsymbol{B}$ 都是 n 阶非零矩阵, 且 $\boldsymbol{AB}=\boldsymbol{O}$, 则 $\boldsymbol{A}$ 和 $\boldsymbol{B}$ 的秩________.

(A) 必有一个等于零　　(B) 都等于 n

(C) 一个小于 n, 一个等于 n　　(D) 都不等于 n

(9) 设 $m\times n$ 矩阵 $\boldsymbol{A}$ 的秩为 s, 则________.

(A) $\boldsymbol{A}$ 的所有 $s-1$ 阶子式不为零　　(B) $\boldsymbol{A}$ 的所有 s 阶子式不为零

(C) $\boldsymbol{A}$ 的所有 $s+1$ 阶子式为零　　(D) 对 $\boldsymbol{A}$ 施行初等行变换变成 $\begin{pmatrix}\boldsymbol{E}_s&\boldsymbol{O}\\\boldsymbol{O}&\boldsymbol{O}\end{pmatrix}$

(10) 欲使矩阵 $\begin{pmatrix} 1 & 1 & 2 & 1 & 3 \\ 2 & s & 1 & 2 & 6 \\ 4 & 5 & 5 & t & 12 \end{pmatrix}$ 的秩为 2,则 s,t 满足____________.

(A) $s=3$ 或 $t=4$　　(B) $s=2$ 或 $t=4$　　(C) $s=3$ 且 $t=4$　　(D) $s=2$ 且 $t=4$

(11) 设 $\boldsymbol{A}$ 是 $m\times n$ 矩阵,$\boldsymbol{B}$ 是 $n\times m$ 矩阵,则____________.

(A) 当 $m>n$ 时,必有行列式 $|\boldsymbol{AB}|\neq 0$　　(B) 当 $m>n$ 时,必有行列式 $|\boldsymbol{AB}|=0$

(C) 当 $n>m$ 时,必有行列式 $|\boldsymbol{AB}|\neq 0$　　(D) 当 $n>m$ 时,必有行列式 $|\boldsymbol{AB}|=0$

4. 计算题

(1) 用初等行变换求矩阵 $\boldsymbol{A}=\begin{pmatrix} 2 & -1 & -1 & 1 & 2 \\ 1 & 1 & -2 & 1 & 4 \\ 4 & -6 & 2 & -2 & 4 \\ 3 & 6 & -9 & 7 & 9 \end{pmatrix}$ 的秩.

(2) 求矩阵 $\boldsymbol{A}=\begin{pmatrix} 1 & a & a & \cdots & a \\ a & 1 & a & \cdots & a \\ \vdots & \vdots & \vdots & & \vdots \\ a & a & a & \cdots & 1 \end{pmatrix}$ 的秩.

(3) 求矩阵 $\boldsymbol{A}=\begin{pmatrix} 3 & 2 & -1 & -3 & -1 \\ 2 & -1 & 3 & 1 & -3 \\ 7 & 0 & 5 & -1 & -8 \end{pmatrix}$ 的秩,并求一个最高阶非零子式.

(4) 设$\boldsymbol{A}=\begin{pmatrix}2&1&8&3&7\\2&-3&0&7&-5\\3&-2&5&8&0\\1&0&3&2&0\end{pmatrix}$,求$R(\boldsymbol{A})$.

(5) 设$\boldsymbol{A}=\begin{pmatrix}1&-2&3k\\-1&2k&-3\\k&-2&3\end{pmatrix}$,问$k$为何值,可使(a) $R(\boldsymbol{A})=1$;(b) $R(\boldsymbol{A})=2$;(c) $R(\boldsymbol{A})=3$.

B类题

1. 填空题

(1) 设6阶方阵$\boldsymbol{A}$的秩为2,则其伴随矩阵$\boldsymbol{A}^*$的秩为________.

(2) 设二阶矩阵$\boldsymbol{A},\boldsymbol{B}$都是非零矩阵,且$\boldsymbol{AB}=\boldsymbol{O}$,则$R(\boldsymbol{A})=$________.

(3) 已知n阶方阵$\boldsymbol{A},\boldsymbol{B}$等价,且$\boldsymbol{A}$是降秩矩阵,则$|\boldsymbol{B}|=$________.

(4) 设$\boldsymbol{A}=\begin{pmatrix}a_1b_1&a_1b_2&\cdots&a_1b_n\\a_2b_1&a_2b_2&\cdots&a_2b_n\\\vdots&\vdots&&\vdots\\a_nb_1&a_nb_2&\cdots&a_nb_n\end{pmatrix}$, 其中$a_i\neq0,b_i\neq0(i=1,2,\cdots,n)$,则$\boldsymbol{A}$的秩$R(\boldsymbol{A})=$________.

2. 设n阶方阵$\boldsymbol{A}$满足$\boldsymbol{A}^2=4\boldsymbol{E}$,证明$R(2\boldsymbol{E}-\boldsymbol{A})+R(2\boldsymbol{E}+\boldsymbol{A})=n$.

C 类题

1. 证明题

(1) 满足 $\boldsymbol{A}^{\mathrm{T}}=-\boldsymbol{A}$ 的矩阵 $\boldsymbol{A}$ 称为反对称矩阵,证明奇数阶反对称矩阵是降秩矩阵.

(2) 设 $\boldsymbol{A}$ 为 $\boldsymbol{n}$ 阶矩阵 $\boldsymbol{A}^{\mathrm{T}}\boldsymbol{A}=\boldsymbol{E}$, $|\boldsymbol{A}|<0$,证明矩阵 $\boldsymbol{E}+\boldsymbol{A}$ 的秩小于 n.

(3) 设 $\boldsymbol{A}$ 是一个 n 阶矩阵,$R(\boldsymbol{A})=1$,证明

(a) $\boldsymbol{A}=\begin{pmatrix} a_1 \\ a_2 \\ \vdots \\ a_n \end{pmatrix}(b_1, \quad b_2, \quad \cdots, \quad b_n)$;　(b) $\boldsymbol{A}^2=k\boldsymbol{A}$.

(4) 设 $\boldsymbol{A}$ 为 2 阶矩阵,如果 $\boldsymbol{A}^l=\boldsymbol{O}$, $l>2$,证明 $\boldsymbol{A}^2=\boldsymbol{O}$.

第三节 线性方程组的解

1. n 元线性方程组 $\boldsymbol{Ax}=\boldsymbol{b}$.

(1) n 元线性方程组 $\boldsymbol{Ax}=\boldsymbol{b}$ 有解$\Leftrightarrow R(\boldsymbol{A})=R(\boldsymbol{A},\boldsymbol{b})$;

(2) n 元线性方程组 $\boldsymbol{Ax}=\boldsymbol{b}$ 有惟一解$\Leftrightarrow R(\boldsymbol{A})=R(\boldsymbol{A},\boldsymbol{b})=n$($n$ 为未知数的个数). 当方程个数等于未知数个数时,$\boldsymbol{Ax}=\boldsymbol{b}$ 有惟一解$\Leftrightarrow|\boldsymbol{A}|\neq0$(克拉默法则);

(3) n 元线性方程组 $\boldsymbol{Ax}=\boldsymbol{b}$ 无解$\Leftrightarrow R(\boldsymbol{A})<R(\boldsymbol{A},\boldsymbol{b})$.

2. 齐次线性方程组 $\boldsymbol{Ax}=\boldsymbol{0}$ 有非零解$\Leftrightarrow$方程组 $R(\boldsymbol{A})<n$(n 为未知数的个数).

3. 矩阵方程 $\boldsymbol{AX}=\boldsymbol{B}$ 有解$\Leftrightarrow R(\boldsymbol{A})=R(\boldsymbol{A},\boldsymbol{B})$.

4. $R(\boldsymbol{AB})\leqslant\min[R(\boldsymbol{A}),R(\boldsymbol{B})]$.

例 1 λ 取何值时,非齐次线性方程组

$$\begin{cases}\lambda x_1+x_2+x_3=1,\\ x_1+\lambda x_2+x_3=\lambda,\\ x_1+x_2+\lambda x_3=\lambda^2.\end{cases}$$

(1)有惟一解;(2)无解;(3)有无穷解?在有无穷解时,求通解.

分析 这是含参数的线性方程组,且其中含有未知数个数和方程个数相等,解此类题目的方法有以下两种.

方法一:先求其系数行列式,利用克莱姆法则,若系数行列式不等于零时,方程组有惟一解.再对系数行列式为零的参数分别列出增广矩阵求解.

方法二:直接利用增广矩阵的初等行变换,利用系数矩阵的秩与增广矩阵的秩的关系讨论解的存在性.非齐次线性方程组有解的条件是系数矩阵的秩和增广矩阵的秩相等,若系数矩阵的秩和增广矩阵的秩相等且等于未知数的个数,方程组有惟一解;若系数矩阵的秩和增广矩阵的秩相等且小于未知数的个数,则方程组有无穷解.系数矩阵的秩和增广矩阵的秩不相等,则方程组无解.

我们用方法一解答,方法二留作学生练习.

解法一: 求系数行列式

$$|\boldsymbol{A}|=\begin{vmatrix}\lambda&1&1\\1&\lambda&1\\1&1&\lambda\end{vmatrix}=(\lambda+2)(\lambda-1)^2$$

(1) 当 $\lambda\neq-2$ 且 $\lambda\neq1$ 时，$|\boldsymbol{A}|\neq0$，方程组有惟一解；

(2) 当 $\lambda=-2$ 时，对增广矩阵 $\boldsymbol{B}$ 施行初等行变换

$$\boldsymbol{B}=\begin{pmatrix}-2&1&1&1\\1&-2&1&-2\\1&1&-2&4\end{pmatrix}\xrightarrow[r_2-r_3]{r_1+2r_3}\begin{pmatrix}0&3&-3&9\\0&-3&3&-6\\1&1&-2&4\end{pmatrix}\xrightarrow[r_1\leftrightarrow r_3]{r_1+r_2}$$

$$\begin{pmatrix}1&1&-2&4\\0&-3&3&-6\\0&0&0&3\end{pmatrix}R(\boldsymbol{A})=2\neq R(\boldsymbol{B})=3\text{，方程组无解；}$$

(3) 当 $\lambda=1$ 时，对增广矩阵 $\boldsymbol{B}$ 施行初等行变换

$$\boldsymbol{B}=\begin{pmatrix}1&1&1&1\\1&1&1&1\\1&1&1&1\end{pmatrix}\xrightarrow[r_3-r_1]{r_2-r_1}\begin{pmatrix}1&1&1&1\\0&0&0&0\\0&0&0&0\end{pmatrix}$$

$R(\boldsymbol{A})=R(\boldsymbol{B})=1$，方程组有无穷解，其同解方程组为

$$x_1+x_2+x_3=1$$

通解为
$$\begin{cases}x_1=1-c_1-c_2\\x_2=c_1\\x_3=c_2\end{cases}\quad(c_1,c_2\in R).$$

例 2 已知线性方程组

$$\begin{cases}x_1+x_2+x_3+x_4+x_5=a,\\3x_1+2x_2+x_3+x_4-3x_5=0,\\3x_1+2x_2+2x_3+2x_4+6x_5=b,\\5x_1+4x_2+3x_3+3x_4-x_5=2.\end{cases}$$

a,b 为何值时，方程组有解？并求出其全部解.

分析：这是含参数的线性方程组，方程组含 5 个未知数，4 个方程，因此只能利用增广矩阵的初等行变换，利用系数矩阵的秩与增广矩阵的秩的关系讨论解的存在性.

解：$$\boldsymbol{B}=\begin{pmatrix}1&1&1&1&1&a\\3&2&1&1&-3&0\\0&1&2&2&6&b\\5&4&3&3&-1&2\end{pmatrix}\rightarrow\begin{pmatrix}1&0&-1&-1&-5&-2a\\0&1&2&2&6&b\\0&0&0&0&0&b-3a\\0&0&0&0&0&2-2a\end{pmatrix}$$

可见当 $a=1,b=3$ 时，$R(\boldsymbol{A})=R(\boldsymbol{B})=2$，方程组有解，通解方程组为

$$\begin{cases}x_1=-2+x_3+x_4+5x_5,\\x_2=3-2x_3-2x_4-6x_5.\end{cases}$$

通解为

$$\begin{cases} x_1 = -2 + C_1 + C_2 + 5C_3 \\ x_2 = 3 - 2C_1 - 2C_2 - 6C_3 \\ x_3 = \quad C_1 \\ x_4 = \quad C_2 \\ x_5 = \quad C_3 \end{cases} \quad (C_1, C_2, C_3 \in R)$$

练习题

A 类题

1. 判断题

(1) 用初等变换求解线性方程组 $\boldsymbol{Ax}=\boldsymbol{b}$ 时,不能对行和列混合实施初等变换.(　　)

(2) 设 $\sum_{j=1}^{n} a_{ij}x_j = 0, i = 1,2,\cdots,m$, 则

(a) 当 $m>n$ 时,方程组只有零解.(　　)

(b) 当 $m<n$ 时,方程组有非零解.(　　)

(3) 设(a) $\sum_{j=1}^{n} a_{ij}x_j = 0, i = 1,2,\cdots,m$;　(b) $\sum_{j=1}^{n} a_{ij}x_j = b_i, i = 1,2,\cdots,m$.

则当 $m=n$ 时,(a)有惟一解⇔(b)有惟一解⇔$\boldsymbol{A}^*\boldsymbol{x}=\boldsymbol{b}$ 有惟一解.(　　)

当 $m\neq n$ 时,(a)有惟一解⇔(b)有惟一解.(　　)

2. 填空题

(1) 设 $R(\boldsymbol{A}_{m\times n})=r$,则齐次线性方程组 $\boldsymbol{Ax}=\boldsymbol{0}$ 中独立方程有__________个,多余方程有__________个.

(2) 非齐次线性方程组 $\boldsymbol{A}_{m\times n}\boldsymbol{x}=\boldsymbol{b}$ 有解的充要条件是__________,满足条件__________时,有惟一解,满足条件__________时,有无穷多解.

(3) 对非齐次线性方程组 $\begin{cases} x_1+x_2+\lambda x_3=4, \\ -x_1+\lambda x_2+x_3=\lambda^2, \\ x_1-x_2+2x_3=-4, \end{cases}$ $\lambda=$__________时,方程组无解;$\lambda=$__________时,方程组有无穷多解;$\lambda\neq$__________时,方程组有惟一解.

(4) 线性方程组 $\begin{cases} x_1+x_2=a_1 \\ x_2+x_3=a_2 \\ x_3+x_4=a_3 \\ x_4+x_1=a_4 \end{cases}$ 有解的充分必要条件是__________.

(5) 设方程 $\begin{pmatrix} 5-\lambda & 2 & 2 \\ 2 & 6-\lambda & 0 \\ 2 & 0 & 4-\lambda \end{pmatrix}\begin{pmatrix} x_1 \\ x_2 \\ x_3 \end{pmatrix}=\begin{pmatrix} 0 \\ 0 \\ 0 \end{pmatrix}$ 有无穷多个解,则 $\lambda=$__________.

(6) 已知方程组 $\begin{pmatrix}1 & 2 & 1\\2 & 3 & a+2\\1 & a & -2\end{pmatrix}\begin{pmatrix}x_1\\x_2\\x_3\end{pmatrix}=\begin{pmatrix}1\\3\\0\end{pmatrix}$ 无解，则 $a=$______.

3. 选择题

(1) 设 $\boldsymbol{A}$ 是 $m\times n$ 矩阵，齐次线性方程组 $\boldsymbol{Ax}=\boldsymbol{0}$ 仅有零解的充要条件是 $R(\boldsymbol{A})$(　　)

(A) 小于 m　　(B) 小于 n　　(C) 等于 m　　(D) 等于 n

(2) 如果方程组对应的齐次方程组有无穷多解，则(　　)

(A) 必有无穷多解　(B) 可能有惟一解　(C) 可能无解　(D) 一定无解

(3) 设 $\boldsymbol{A}$ 是 $m\times n$ 矩阵，如果 $m<n$，则(　　)

(A) $\boldsymbol{Ax}=\boldsymbol{b}$ 必有无穷多解　　(B) $\boldsymbol{Ax}=\boldsymbol{b}$ 必有惟一解

(C) $\boldsymbol{Ax}=\boldsymbol{0}$ 必有非零解　　(D) $\boldsymbol{Ax}=\boldsymbol{0}$必有惟一解

4. 计算题

(1) 判别线性方程组 $\begin{cases}4x_1+2x_2-x_3=2\\3x_1-x_2+2x_3=10\\11x_1+3x_2=8\end{cases}$ 是否有解.

(2) 判别线性方程组 $\begin{cases}x_1+x_2+2x_3-x_4=0\\2x_1+x_2+x_3-x_4=0\\2x_1+2x_2+x_3+2x_4=0\end{cases}$ 是否有解.

(3) 求解下列齐次线性方程组

(a) $\begin{cases}x_1+x_2+x_5=0,\\x_1+x_2-x_3=0,\\x_3+x_4+x_5=0;\end{cases}$

(b) $\begin{cases} 2\boldsymbol{x}_1+3\boldsymbol{x}_2+\ \boldsymbol{x}_3=4, \\ \boldsymbol{x}_1-2\boldsymbol{x}_2+4\boldsymbol{x}_3=-5, \\ 3\boldsymbol{x}_1+8\boldsymbol{x}_2-2\boldsymbol{x}_3=13, \\ 4\boldsymbol{x}_1-\ \boldsymbol{x}_2+9\boldsymbol{x}_3=-6. \end{cases}$

B 类题

1. 选择题

(1) 齐次线性方程组 $\boldsymbol{A}_{2\times 4}\boldsymbol{x}_{4\times 1}=\boldsymbol{0}$ 解的情况是(　　).

(A)无解　　(B) 仅有零解

(C)必有非零解　　(D) 可能有非零解,也可能没有非零解

(2) 若 $\boldsymbol{Ax}=\boldsymbol{0}$ 只有零解,则 $\boldsymbol{Ax}=\boldsymbol{b}(\boldsymbol{b}\neq\boldsymbol{0})$(　　).

(A) 必有无穷多组解　　(B) 必有惟一解

(C) 必定没有解　　(D) 以上都不对

(3) 若 $\boldsymbol{Ax}=\boldsymbol{0}$是 $\boldsymbol{Ax}=\boldsymbol{b}(\boldsymbol{b}\neq\boldsymbol{0})$所对应的齐次线性方程组,则下列结论正确的是(　).

(A) 若 $\boldsymbol{Ax}=\boldsymbol{0}$仅有零解,则 $\boldsymbol{Ax}=\boldsymbol{b}$ 有惟一解

(B) 若 $\boldsymbol{Ax}=\boldsymbol{0}$有非零解,则 $\boldsymbol{Ax}=\boldsymbol{b}$ 有无穷多个解

(C) 若 $\boldsymbol{Ax}=\boldsymbol{b}$ 有无穷多个解,则 $\boldsymbol{Ax}=\boldsymbol{0}$仅有零解

(D) 若 $\boldsymbol{Ax}=\boldsymbol{b}$ 有无穷多个解,则 $\boldsymbol{Ax}=\boldsymbol{0}$有非零解

(4) 非齐次线性方程组 $\boldsymbol{Ax}=\boldsymbol{b}$ 中未知数的个数为 n,方程个数为 m,$R(\boldsymbol{A})=r$,则(　　).

(A) $r=m$ 时,方程组 $\boldsymbol{Ax}=\boldsymbol{b}$ 有解　　(B) $r=n$ 时,方程组 $\boldsymbol{Ax}=\boldsymbol{b}$ 有惟一解

(C) $m=n$ 时,方程组 $\boldsymbol{Ax}=\boldsymbol{b}$ 有惟一解　　(D) $r<n$ 时,方程组 $\boldsymbol{Ax}=\boldsymbol{b}$ 有无穷多解

(5) 设 $\boldsymbol{A}$ 是 $m\times n$ 矩阵,$\boldsymbol{B}$ 是 $n\times m$ 矩阵,则线性方程组$(\boldsymbol{AB})\boldsymbol{x}=\boldsymbol{0}$(　　).

(A) 当 $n>m$ 时仅有零解;　　(B) 当 $n>m$ 时必有非零解

(C) 当 $m>n$ 时仅有零解　　(D) 当 $m>n$ 时必有非零解

(6) 非齐次线性方程组$\begin{cases} ax_1+ax_2+\cdots+ax_n=k, \\ bx_1+bx_2+\cdots+bx_n=l, \end{cases}$且 a,b,k,l 均不等于零,若(　　)成立,则该方程组无解.

(A) $\dfrac{a}{b}=\dfrac{k}{l}$　　(B) $\dfrac{a}{b}\neq\dfrac{k}{l}$　　(C) $\dfrac{k}{a}=1$　　(D) $\dfrac{l}{b}=1$

(7) 设 $\boldsymbol{A}$ 是 $n+1$ 行 n 列矩阵，$\boldsymbol{x}=(x_1,x_2,\cdots,x_n)^{\mathrm{T}}$，$\boldsymbol{b}=(b_1,b_2,\cdots,b_n)^{\mathrm{T}}$. 已知线性方程组 $\boldsymbol{Ax}=\boldsymbol{b}$ 有解，则行列式 $|(\boldsymbol{A},\boldsymbol{b})|=$(　　).

(A) -1　　(B) 0　　(C) 1　　(D) 2

(8) 齐次线性方程组 $\begin{cases} x_1+x_2+\lambda x_3=4 \\ -x_1+\lambda x_2+ax_3=\lambda^2 \\ x_1-x_2+2x_3=-4 \end{cases}$ 无解，则有(　　).

(A) $\lambda=4$　　(B) $\lambda=-1$　　(C) $\lambda=-1$ 或 $\lambda=4$　　(D) $\lambda\neq-1$ 且 $\lambda\neq4$

(9) 已知方程组 $\begin{cases} \lambda x_1+x_2+x_3=0 \\ x_1+\lambda x_2+x_3=0 \\ x_1+x_2+x_3=0 \end{cases}$ 只有零解，则有(　　).

(A) $\lambda\neq0$　　(B) $\lambda=1$　　(C) $\lambda=0$　　(D) $\lambda\neq1$

2. 计算题

(1) 设 $\begin{cases} 2x_1+\lambda x_2-x_3=1 \\ \lambda x_1-x_2+x_3=2 \\ 4x_1+5x_2-5x_3=-1 \end{cases}$ 问 λ 为何值时，此方程组有惟一解、无解或有无穷多解？并在有无穷多解时求出其通解.

(2) 当 λ,μ 为何值时，线性方程组 $\begin{cases} x_1+x_2+2x_3=1, \\ -x_2+(\lambda+1)x_3=1, \\ 3x_1+\lambda x_2+x_3=\mu+2. \end{cases}$

(a) 有惟一解；(b)无解；(c)有无穷多解，并求其解.

C 类题

设线性方程组
$$\begin{cases} a_{11}x_1 + a_{12}x_2 + \cdots + a_{1n}x_n = b_1 \\ a_{21}x_1 + a_{22}x_2 + \cdots + a_{2n}x_n = b_2 \\ \cdots\cdots\cdots\cdots \\ a_{n1}x_1 + a_{n2}x_2 + \cdots + a_{nn}x_n = b_n \end{cases}$$
的系数矩阵为 $\boldsymbol{A}=(a_{ij})_{n\times n}$，

令 $\boldsymbol{B}=\begin{pmatrix} a_{11} & \cdots & a_{1n} & b_1 \\ \vdots & & \vdots & \vdots \\ a_{n1} & \cdots & a_{nn} & b_n \\ b_1 & \cdots & b_n & 0 \end{pmatrix}$. 已知 $R(\boldsymbol{A})=R(\boldsymbol{B})$，试证该方程组有解.

第三章　相似矩阵与二次型

本章主要研究方阵的相似，尤其是可以相似为对角矩阵的一类方阵，即所谓的可对角化矩阵；二次型是与方阵的相似有着紧密联系的代数对象，因此也在本章研究范围之内.

第一节　向量的内积与正交矩阵

1. 向量的内积

n 维向量 $\boldsymbol{\alpha}=(a_1,a_2,\cdots,a_n)^{\mathrm{T}},\boldsymbol{\beta}=(b_1,b_2,\cdots,b_n)^{\mathrm{T}}$ 的内积：$[\boldsymbol{\alpha},\boldsymbol{\beta}]=\sum\limits_{i=1}^{n}a_ib_i=\boldsymbol{\alpha}^{\mathrm{T}}\boldsymbol{\beta}$.

2. 向量的正交

当 $[\boldsymbol{\alpha},\boldsymbol{\beta}]=0$ 时，称向量 $\boldsymbol{\alpha}$ 与 $\boldsymbol{\beta}$ 正交.

若一组非零的 n 维向量 $\boldsymbol{\alpha}_1,\boldsymbol{\alpha}_2,\cdots,\boldsymbol{\alpha}_s$ 两两正交，则称之为正交向量组，正交向量组必线性无关.

3. 线性无关向量组的正交规范化

设 $\boldsymbol{\alpha}_1,\boldsymbol{\alpha}_2,\cdots,\boldsymbol{\alpha}_s$ 线性无关，取 $\boldsymbol{\beta}_1=\boldsymbol{\alpha}_1,\boldsymbol{\beta}_2=\boldsymbol{\alpha}_2-\dfrac{[\boldsymbol{\beta}_1,\boldsymbol{\alpha}_2]}{[\boldsymbol{\beta}_1,\boldsymbol{\beta}_1]}\boldsymbol{\beta}_1,\cdots,\boldsymbol{\beta}_s=\boldsymbol{\alpha}_s-\sum\limits_{i=1}^{s-1}\dfrac{[\boldsymbol{\beta}_i,\boldsymbol{\alpha}_s]}{[\boldsymbol{\beta}_i,\boldsymbol{\beta}_i]}\boldsymbol{\beta}_i$，则 $\boldsymbol{\beta}_1,\boldsymbol{\beta}_2,\cdots,\boldsymbol{\beta}_s$ 是与 $\boldsymbol{\alpha}_1,\boldsymbol{\alpha}_2,\cdots,\boldsymbol{\alpha}_s$ 等价的正交向量组，再将 $\boldsymbol{\beta}_1,\cdots,\boldsymbol{\beta}_s$ 单位化，$\boldsymbol{\gamma}_i=\dfrac{1}{\|\boldsymbol{\beta}_i\|}\boldsymbol{\beta}_i$，$(i=1,2,\cdots,s)$，则 $\boldsymbol{\gamma}_1,\boldsymbol{\gamma}_2,\cdots,\boldsymbol{\gamma}_s$ 是与 $\boldsymbol{\alpha}_1,\boldsymbol{\alpha}_2,\cdots,\boldsymbol{\alpha}_s$ 等价的单位正交向量组，这就是施密特(Schimidt)正交化过程.

4. 正交矩阵

若 n 阶方阵 $\boldsymbol{A}$ 满足 $\boldsymbol{A}^{\mathrm{T}}\boldsymbol{A}=\boldsymbol{E}$，则称 $\boldsymbol{A}$ 为正交矩阵. 正交矩阵有如下性质：

(1) 若 $\boldsymbol{A}$ 为正交矩阵，则 $|\boldsymbol{A}|=\pm1$；$\boldsymbol{A}$ 可逆，且 $\boldsymbol{A}^{-1}=\boldsymbol{A}^{\mathrm{T}}$；$\boldsymbol{A}^{\mathrm{T}},\boldsymbol{A}^{-1},\boldsymbol{A}^m,\boldsymbol{A}^*$ 都是正交矩阵；

(2) 若 $\boldsymbol{A}$、$\boldsymbol{B}$ 均为正交矩阵，则 $\boldsymbol{AB}$ 亦为正交矩阵；

(3) $\boldsymbol{A}$ 为正交矩阵 $\Leftrightarrow$ $\boldsymbol{A}$ 的行(列)向量组是单位正交向量组.

例 1 设 $\boldsymbol{A}=\boldsymbol{E}-2\boldsymbol{\alpha}\boldsymbol{\alpha}^{\mathrm{T}}$,其中 $\boldsymbol{E}$ 为 n 阶单位矩阵,$\boldsymbol{\alpha}$ 是 n 维单位列向量,证明 (1) $\boldsymbol{A}$ 是对称正交矩阵;(2) 对任一 n 维列向量 $\boldsymbol{\beta}$,均有 $\|\boldsymbol{A\beta}\|=\|\boldsymbol{\beta}\|$.

证明: (1) 因 $\boldsymbol{\alpha}$ 是 n 维单位列向量,故 $\|\boldsymbol{\alpha}\|^2=[\boldsymbol{\alpha},\boldsymbol{\alpha}]=\boldsymbol{\alpha}^{\mathrm{T}}\boldsymbol{\alpha}=1$. 由于

$$\boldsymbol{A}^{\mathrm{T}}=(\boldsymbol{E}-2\boldsymbol{\alpha}\boldsymbol{\alpha}^{\mathrm{T}})^{\mathrm{T}}=\boldsymbol{E}-(2\boldsymbol{\alpha}\boldsymbol{\alpha}^{\mathrm{T}})^{\mathrm{T}}=\boldsymbol{E}-2(\boldsymbol{\alpha}^{\mathrm{T}})^{\mathrm{T}}\boldsymbol{\alpha}^{\mathrm{T}}=\boldsymbol{E}-2\boldsymbol{\alpha}\boldsymbol{\alpha}^{\mathrm{T}}=\boldsymbol{A}$$

$$\begin{aligned}\boldsymbol{A}\boldsymbol{A}^{\mathrm{T}}&=(\boldsymbol{E}-2\boldsymbol{\alpha}\boldsymbol{\alpha}^{\mathrm{T}})(\boldsymbol{E}-2\boldsymbol{\alpha}\boldsymbol{\alpha}^{\mathrm{T}})^{\mathrm{T}}=(\boldsymbol{E}-2\boldsymbol{\alpha}\boldsymbol{\alpha}^{\mathrm{T}})(\boldsymbol{E}-2\boldsymbol{\alpha}\boldsymbol{\alpha}^{\mathrm{T}})\\&=\boldsymbol{E}-4\boldsymbol{\alpha}\boldsymbol{\alpha}^{\mathrm{T}}+4\boldsymbol{\alpha}(\boldsymbol{\alpha}^{\mathrm{T}}\boldsymbol{\alpha})\boldsymbol{\alpha}^{\mathrm{T}}=\boldsymbol{E}\end{aligned}$$

故 $\boldsymbol{A}$ 是对称正交矩阵.

(2) $\|\boldsymbol{A\beta}\|=\sqrt{[\boldsymbol{A\beta},\boldsymbol{A\beta}]}=\sqrt{(\boldsymbol{A\beta})^{\mathrm{T}}\boldsymbol{A\beta}}=\sqrt{\boldsymbol{\beta}^{\mathrm{T}}\boldsymbol{A}^{\mathrm{T}}\boldsymbol{A\beta}}$,由(1)知 $\boldsymbol{A}\boldsymbol{A}^{\mathrm{T}}=\boldsymbol{E}$,故 $\|\boldsymbol{A\beta}\|=\sqrt{\boldsymbol{\beta}^{\mathrm{T}}\boldsymbol{E\beta}}=\|\boldsymbol{\beta}\|$.

A 类题

1. 判断题

(1) 非零的正交向量组必是线性无关的向量组. (　　)

(2) 向量空间的基必是正交向量组. (　　)

(3) 施密特正交化过程可以将任意向量组规范正交化. (　　)

(4) 正交矩阵的乘积仍是正交矩阵. (　　)

(5) 正交矩阵的和仍是正交矩阵. (　　)

(6) 经正交变换线段长度保持不变. (　　)

2. 填空题

(1) 已知向量 $\boldsymbol{a}=(1,-2,3)^{\mathrm{T}},\boldsymbol{b}=(-4,t,6)^{\mathrm{T}},[\boldsymbol{a},\boldsymbol{b}]=4$,则 $t=$__________.

(2) 向量 $\boldsymbol{x}_0$ 的长度为 4,且 $\boldsymbol{A}$ 为正交矩阵,则 $\|\boldsymbol{A}\boldsymbol{x}_0\|=$__________.

(3) 设 $\boldsymbol{A}$ 是 n 阶正交矩阵,若 $\boldsymbol{A}^*+\boldsymbol{A}^{\mathrm{T}}=\boldsymbol{O}$,则 $|\boldsymbol{A}|=$__________.

3. 选择题

(1) 若 $\|\boldsymbol{a}\|=2,\|\boldsymbol{b}\|=1,[\boldsymbol{a},\boldsymbol{b}]=\sqrt{2}$,则向量 $\boldsymbol{a}$ 与 $\boldsymbol{b}$ 的夹角 θ 为(　　).

(A) 0　　(B) $\frac{\pi}{4}$　　(C) $\frac{\pi}{2}$　　(D) $\frac{3}{2}\pi$

(2) 若矩阵 $\boldsymbol{A}$ 为实对称正交矩阵,则 $\boldsymbol{A}^2$ 是(　　).

(A) 对称矩阵　　(B) 正交矩阵　　(C) 幂零矩阵　　(D) 实对称正交矩阵

(3) 设 $\boldsymbol{A}$ 和 $\boldsymbol{B}$ 都是 n 阶正交矩阵,则在下列方阵中必是正交矩阵的是(　　).

(A) $\boldsymbol{A}+\boldsymbol{B}$　　(B) $\boldsymbol{A}^2(\boldsymbol{B}^{-1})^3$　　(C) $\boldsymbol{A}+\boldsymbol{E}_n$　　(D) $\begin{pmatrix}\boldsymbol{A}&\boldsymbol{E}_n\\\boldsymbol{O}&\boldsymbol{B}\end{pmatrix}$

(4) 下述各结论中不正确的是(　　).

(A) 单位矩阵是正交矩阵

(B) 两个正交矩阵的积为正交矩阵

(C) 两个正交矩阵的和为正交矩阵

(D) 正交矩阵的逆矩阵为正交矩阵

4. 计算下列各题

(1) 利用施密特正交化将向量组 $\boldsymbol{a}_1=(0,1,1)^{\mathrm{T}}$, $\boldsymbol{a}_2=(1,1,0)^{\mathrm{T}}$, $\boldsymbol{a}_3=(1,0,1)^{\mathrm{T}}$ 规范正交化.

(2) 在 $\boldsymbol{R}^4$ 中求 $\boldsymbol{\alpha},\boldsymbol{\beta}$ 之间的夹角,设

(a) $\boldsymbol{\alpha}=(1,-1,-1,1)$, $\boldsymbol{\beta}=(1,-1,3,1)$;

(b) $\boldsymbol{\alpha}=(1,2,2,3)$, $\boldsymbol{\beta}=(3,1,5,1)$.

B 类题

1. 设 $\boldsymbol{A}$、$\boldsymbol{B}$ 均为正交矩阵,向量 $\boldsymbol{x}$ 的长度 $\|\boldsymbol{x}\|=10$,求 $\|\boldsymbol{A}^{\mathrm{T}}\boldsymbol{B}^{-1}\boldsymbol{x}\|$.

2. 在 $\boldsymbol{R}^4$ 中求一单位向量与 $(1,1,-1,1)$,$(1,-1,-1,1)$,$(2,1,1,3)$ 正交.

3. 已知 $\boldsymbol{a}_1=\begin{pmatrix}1\\1\\1\end{pmatrix}$,求向量 $\boldsymbol{a}_2,\boldsymbol{a}_3$,使 $\boldsymbol{a}_1,\boldsymbol{a}_2,\boldsymbol{a}_3$ 为正交向量组.

C 类题

1. 设 $\boldsymbol{a}_1,\boldsymbol{a}_2,\cdots,\boldsymbol{a}_n$ 是 n 维向量空间 V_n 的一个正交基,证明:

(a) 如果向量 $\boldsymbol{a}\in V_n$,且$[\boldsymbol{a},\boldsymbol{a}_i]=0,i=1,2,\cdots,n$, 则 $\boldsymbol{a}=\boldsymbol{O}$;

(b) 如果向量 $\boldsymbol{b}\in V_n,\boldsymbol{c}\in V_n$,且$[\boldsymbol{b},\boldsymbol{a}_i]=[\boldsymbol{c},\boldsymbol{a}_i]$, $i=1,2,\cdots,n$, 则 $\boldsymbol{b}=\boldsymbol{c}$.

2. 设 $\boldsymbol{A}$ 为正交矩阵,证明:(1) $|\boldsymbol{A}|=\pm1$; (2) $\boldsymbol{A}^{\mathrm{T}}$, $\boldsymbol{A}^{-1}$ 均为正交矩阵.

第二节　特征值与特征向量

1. 矩阵的特征值、特征向量

设 $\boldsymbol{A}$ 为 n 阶方阵，若存在数 λ 和非零向量 $\boldsymbol{x}$，使 $\boldsymbol{Ax}=\lambda\boldsymbol{x}$，则称 λ 是 $\boldsymbol{A}$ 的特征值，$\boldsymbol{x}$ 是 $\boldsymbol{A}$ 的对应于 λ 的特征向量.

2. 计算 n 阶方阵 $\boldsymbol{A}$ 的特征值与特征向量的步骤

(1) 解特征方程 $|\boldsymbol{A}-\lambda\boldsymbol{E}|=0$，求出全部特征值 $\lambda_1,\lambda_2,\cdots,\lambda_n$；

(2) 对每个特征值 λ_i，求出方程组 $(\boldsymbol{A}-\lambda_i\boldsymbol{E})\boldsymbol{x}=\boldsymbol{O}$ 的一个基础解系，该基础解系的一切非零线性组合为 $\boldsymbol{A}$ 的对应于 λ_i 的全部特征向量.

3. 几个重要结论

(1) 设 λ 是 n 阶方阵 $\boldsymbol{A}$ 的特征值，则方阵 $k\boldsymbol{A},\boldsymbol{A}^m,a\boldsymbol{A}+b\boldsymbol{E},\boldsymbol{A}^{-1},\boldsymbol{A}^*$（若 $\boldsymbol{A}$ 可逆）分别有特征值为 $k\lambda,\lambda^m,a\lambda+b,\lambda^{-1},\dfrac{|\boldsymbol{A}|}{\lambda}$；

(2) 设 $\lambda_1,\lambda_2,\cdots,\lambda_n$ 是 n 阶方阵 $\boldsymbol{A}=(a_{ij})$ 的特征值，则

$$\lambda_1+\lambda_2+\cdots+\lambda_n=a_{11}+a_{22}+\cdots+a_{nn},\lambda_1\lambda_2\cdots\lambda_n=|\boldsymbol{A}|;$$

(3) 方阵 $\boldsymbol{A}$ 的不同特征值对应的特征向量线性无关.

例 1　已知向量 $\boldsymbol{\alpha}=(1,k,1)^{\mathrm{T}}$ 是矩阵 $\boldsymbol{A}=\begin{pmatrix}2&1&1\\1&2&1\\1&1&2\end{pmatrix}$ 的逆矩阵 $\boldsymbol{A}^{-1}$ 的特征向量，求常数 k.

解法一　由 $|\boldsymbol{A}-\lambda\boldsymbol{E}|=\begin{vmatrix}2-\lambda&1&1\\1&2-\lambda&1\\1&1&2-\lambda\end{vmatrix}=0$ 得 $(\lambda-1)^2(\lambda-4)=0$，即 $\lambda_1=\lambda_2=1$，$\lambda_3=4$，根据 $\boldsymbol{A}$ 与 $\boldsymbol{A}^{-1}$ 的特征值之间的关系，可知 $\boldsymbol{A}^{-1}$ 的特征值为 $1,1,\dfrac{1}{4}$.

若 $\boldsymbol{\alpha}=(1,k,1)^{\mathrm{T}}$ 是 $\boldsymbol{A}^{-1}$ 的对应于特征值 1 的特征向量，则有 $\boldsymbol{A}^{-1}\boldsymbol{\alpha}=1\cdot\boldsymbol{\alpha}$，即 $\boldsymbol{\alpha}=\boldsymbol{A\alpha}$，计算得 $k=-2$；

若 $\boldsymbol{\alpha}=(1,k,1)^{\mathrm{T}}$ 是 $\boldsymbol{A}^{-1}$ 的对应于特征值 $\dfrac{1}{4}$ 的特征向量，则有 $\boldsymbol{A}^{-1}\boldsymbol{\alpha}=\dfrac{1}{4}\boldsymbol{\alpha}$，即 $4\boldsymbol{\alpha}=\boldsymbol{A\alpha}$，计算得 $k=1$，综上可得 $k=-2$ 或 $k=1$.

解法二 设λ是A^{-1}的对应于$\boldsymbol{\alpha}$的特征值,则有$A^{-1}\boldsymbol{\alpha}=\lambda\boldsymbol{\alpha}$,即$\boldsymbol{\alpha}=\lambda A\boldsymbol{\alpha}$,

$\begin{pmatrix}1\\k\\1\end{pmatrix}=\lambda\begin{pmatrix}3+k\\2+2k\\3+k\end{pmatrix}$,解得$k=-2$或$k=1$.

例2 设n阶矩阵A满足$A^2=A$,证明:(1)A的特征值只能是0或1;(2)$A+E$可逆.

证明:(1)设λ为A的任一特征值,x为A的对应于λ的特征向量,则有$Ax=\lambda x$,于是$A^2x=A(Ax)=A(\lambda x)=\lambda^2 x$,又因$A^2=A$,所以$\lambda^2 x=\lambda x$,即$(\lambda^2-\lambda)x=\mathbf{0}$,但$x\neq\mathbf{0}$,所以$\lambda(\lambda-1)=0$,即$\lambda=0$或$\lambda=1$.

(2) 因为-1不是A的特征值,故$|A-(-1)E|=|A+E|\neq 0$,即$A+E$为可逆矩阵.

例3 设3阶矩阵A的特征值为$\lambda_1=-1,\lambda_2=1,\lambda_3=3$,对应的特征向量依次为$\boldsymbol{\eta}_1=(1,-1,0)^{\mathrm{T}},\boldsymbol{\eta}_2=(1,-1,1)^{\mathrm{T}},\boldsymbol{\eta}_3=(0,1,-1)^{\mathrm{T}}$,求矩阵$A$.

分析:这是关于特征值与特征向量的逆问题,即已知A的特征值、特征向量反求矩阵A,可利用定义求解.

解:由定义知$A\boldsymbol{\eta}_1=\lambda_1\boldsymbol{\eta}_1,A\boldsymbol{\eta}_2=\lambda_2\boldsymbol{\eta}_2,A\boldsymbol{\eta}_3=\lambda_3\boldsymbol{\eta}_3$,于是

$$A(\boldsymbol{\eta}_1,\boldsymbol{\eta}_2,\boldsymbol{\eta}_3)=(A\boldsymbol{\eta}_1,A\boldsymbol{\eta}_2,A\boldsymbol{\eta}_3)=(\lambda_1\boldsymbol{\eta}_1,\lambda_2\boldsymbol{\eta}_2,\lambda_3\boldsymbol{\eta}_3)$$

即

$$A\begin{pmatrix}1&1&0\\-1&-1&1\\0&1&-1\end{pmatrix}=\begin{pmatrix}-1&1&0\\1&-1&3\\0&1&-3\end{pmatrix}$$

故所求

$$A=\begin{pmatrix}-1&1&0\\1&-1&3\\0&1&-3\end{pmatrix}\begin{pmatrix}1&1&0\\-1&-1&1\\0&1&-1\end{pmatrix}^{-1}=\begin{pmatrix}1&2&2\\2&1&-2\\-2&-2&1\end{pmatrix}.$$

A类题

1. 判断题

(1) 矩阵的行列式等于其全部特征值的乘积. ( )

(2) 不同的特征值对应的特征向量必正交. ( )

(3) 一个特征值只能对应惟一一个非零的特征向量. ( )

(4) 可逆矩阵的特征值均不为零. ( )

2. 填空题

(1) 若矩阵$A=\begin{pmatrix}a_1&0&\cdots&0\\0&a_2&\cdots&0\\\vdots&\vdots&\ddots&\vdots\\0&0&\cdots&a_n\end{pmatrix}$,$B=P^{-1}A^4P$,则$B$的特征值为__________.

(2) 已知 3 阶方阵 $\boldsymbol{A}$ 的特征值分别为 1，−1，2，则矩阵 $\boldsymbol{B}=\boldsymbol{A}^3-5\boldsymbol{A}^2$ 的特征值是__________，$|\boldsymbol{B}|=$__________；矩阵 $\boldsymbol{C}=2\boldsymbol{A}+\boldsymbol{E}$ 的特征值为__________.

(3) 如果 4 阶矩阵 $\boldsymbol{A}$ 的元素全为 1，那么 $\boldsymbol{A}$ 的 4 个特征值是__________.

(4) 矩阵 $\begin{pmatrix}1&1&1&1\\1&1&-1&-1\\1&-1&1&-1\\1&-1&-1&1\end{pmatrix}$ 的特征值是__________.

3. 选择题

(1) 若 $\boldsymbol{A}^5=\boldsymbol{O}$，$\lambda$ 是 $\boldsymbol{A}$ 的特征值，则 $\lambda^5=$(　　)

(A) 0　　(B) 1　　(C) −1　　(D) 5

2. 设 $\boldsymbol{A}=\begin{pmatrix}3&2&2\\2&3&2\\2&2&3\end{pmatrix}$，则以下向量中是 $\boldsymbol{A}$ 的特征向量的是(　　).

(A) $(1,1,1)^{\mathrm{T}}$　　(B) $(1,1,3)^{\mathrm{T}}$　　(C) $(1,1,0)^{\mathrm{T}}$　　(D) $(1,0,-3)^{\mathrm{T}}$

(3) n 阶方阵 $\boldsymbol{A}$ 的两个不同的特征值所对应的特征向量(　　).

(A) 线性相关　　(B) 线性无关　　(C) 正交　　(D) 内积为 1

(4) 设 $\lambda=2$ 是非奇异矩阵 $\boldsymbol{A}$ 的一个特征值，则矩阵 $\left(\frac{1}{2}\boldsymbol{A}^2\right)^{-1}$ 有一特征值为(　　).

(A) $\frac{4}{3}$　　(B) $\frac{3}{4}$　　(C) $\frac{1}{2}$　　(D) $\frac{1}{4}$

(5) 设 λ_1,λ_2 是矩阵 $\boldsymbol{A}$ 的两个不同的特征值，对应的特征向量分别为 $\boldsymbol{\alpha}_1,\boldsymbol{\alpha}_2$，则 $\boldsymbol{\alpha}_1$，$\boldsymbol{A}(\boldsymbol{\alpha}_1+\boldsymbol{\alpha}_2)$ 线性无关的充分必要条件是(　　).

(A) $\lambda_1=0$　　(B) $\lambda_2=0$　　(C) $\lambda_1\neq0$　　(D) $\lambda_2\neq0$

(6) 设 3 阶方阵 $\boldsymbol{A}$ 有 3 个特征值 $\lambda_1,\lambda_2,\lambda_3$，若 $|\boldsymbol{A}|=36$，$\lambda_1=2$，$\lambda_1=3$，则 $\lambda_3=$(　　).

(A) 6　　(B) 36　　(C) 18　　(D) 12

4. 求下列矩阵的特征值和特征向量

(1) $\boldsymbol{A}=\begin{pmatrix}1&-1\\2&4\end{pmatrix}$；

(2) $\boldsymbol{A}=\begin{pmatrix}2 & -1 & 2\\5 & -3 & 3\\-1 & 0 & -2\end{pmatrix}$.

B类题

1. 设矩阵 $\boldsymbol{A}=\begin{pmatrix}1 & 0 & 1\\0 & 2 & 0\\1 & 0 & a\end{pmatrix}$,已知 $\lambda_1=0$ 是 $\boldsymbol{A}$ 的一个特征值,试求 $\boldsymbol{A}$ 的特征值和特征向量.

2. 已知向量 $\boldsymbol{\alpha}=(1,k,1)^{\mathrm{T}}$ 是矩阵 $\boldsymbol{A}=\begin{pmatrix}2 & 1 & 1\\1 & 2 & 1\\1 & 1 & 2\end{pmatrix}$ 的逆矩阵 $\boldsymbol{A}^{-1}$ 的特征向量,试求常数 k 的值.

3. 设矩阵 $\boldsymbol{A}=\begin{pmatrix}a & -1 & c\\5 & b & 3\\1-c & 0 & -a\end{pmatrix}$,其行列式 $|\boldsymbol{A}|=-1$,又 $\boldsymbol{A}$ 的伴随矩阵 $\boldsymbol{A}^*$ 有一个特征值 λ_0,属于 λ_0 的一个特征向量为 $\boldsymbol{\alpha}=(-1,-1,1)^{\mathrm{T}}$,求 a,b,c 和 λ_0 的值.

4. 设矩阵 $\boldsymbol{A}=\begin{pmatrix}3 & -1\\ 1 & 1\end{pmatrix}$，求矩阵 $\varphi(\boldsymbol{A})=2\boldsymbol{E}+2\boldsymbol{A}+2\boldsymbol{A}^2+2\boldsymbol{A}^3+2\boldsymbol{A}^4$ 的特征值和特征向量.

C类题

1. 设 $\boldsymbol{\alpha}=(a_1,a_2,\cdots,a_n)^{\mathrm{T}}$，求矩阵 $\boldsymbol{A}=\boldsymbol{\alpha}\boldsymbol{\alpha}^{\mathrm{T}}$ 的特征值和特征向量$(a_1\neq 0)$.

2. 设 $\boldsymbol{a}_1,\boldsymbol{a}_2,\cdots,\boldsymbol{a}_r$ 是矩阵 $\boldsymbol{A}$ 的特征值 λ 所对应的特征向量，证明非零线性组合 $c_1\boldsymbol{a}_1+c_2\boldsymbol{a}_2+\cdots+c_r\boldsymbol{a}_r$ 仍是 λ 对应的特征向量.

3. 设 n 阶方阵满足 $\boldsymbol{A}=\boldsymbol{A}^2$，证明 $\boldsymbol{A}$ 的特征值为 1 或 0.

4. 设 n 阶方阵满足 $\boldsymbol{A}^k=\boldsymbol{E}$，证明 $\boldsymbol{A}$ 的特征值 λ 满足 $\lambda^k=1$.

第三节　相似矩阵与矩阵的对角化　实对称矩阵的对角化

1. 相似矩阵

$\boldsymbol{A}$、$\boldsymbol{B}$ 为两个 n 阶方阵,若存在可逆矩阵 $\boldsymbol{P}$,使 $\boldsymbol{P}^{-1}\boldsymbol{A}\boldsymbol{P}=\boldsymbol{B}$,则称矩阵 $\boldsymbol{A}$ 与 $\boldsymbol{B}$ 相似.

2. 相似矩阵的性质

若矩阵 $\boldsymbol{A}$ 与 $\boldsymbol{B}$ 相似,则 ① $|\boldsymbol{A}|=|\boldsymbol{B}|$;② $R(\boldsymbol{A})=R(\boldsymbol{B})$;③ $|\boldsymbol{A}-\lambda\boldsymbol{E}|=|\boldsymbol{B}-\lambda\boldsymbol{E}|$,从而 $\boldsymbol{A}$ 与 $\boldsymbol{B}$ 有相同的特征值;④ $\boldsymbol{A}^{\mathrm{T}}$ 与 $\boldsymbol{B}^{\mathrm{T}}$ 相似;⑤ 若 $\boldsymbol{A}$,$\boldsymbol{B}$ 均可逆,$\boldsymbol{A}^{-1}$ 与 $\boldsymbol{B}^{-1}$ 相似;⑥ $\boldsymbol{A}^k$ 与 $\boldsymbol{B}^k$ 相似.

3. 矩阵可相似对角化的条件

若方阵 $\boldsymbol{A}$ 能与一个对角矩阵相似,则称方阵 $\boldsymbol{A}$ 可对角化.

(1) n 阶方阵 $\boldsymbol{A}$ 可对角化 $\Leftrightarrow$ $\boldsymbol{A}$ 有 n 个线性无关的特征向量;

(2) n 阶方阵 $\boldsymbol{A}$ 可对角化 $\Leftrightarrow$ $\boldsymbol{A}$ 的每一个 k 重特征值对应的线性无关的特征向量的个数等于该特征值的重数 k;

(3) n 阶方阵 $\boldsymbol{A}$ 有 n 个互不相同的特征值,则 $\boldsymbol{A}$ 可对角化.

4. 矩阵相似对角化的方法

设 n 阶方阵 $\boldsymbol{A}$ 可对角化,那么 $\boldsymbol{A}$ 一定有 n 个线性无关的特征向量 $\boldsymbol{\xi}_1,\boldsymbol{\xi}_2,\cdots,\boldsymbol{\xi}_n$,以各向量为列做矩阵 $\boldsymbol{P}=(\boldsymbol{\xi}_1,\boldsymbol{\xi}_2,\cdots,\boldsymbol{\xi}_n)$,则 $\boldsymbol{P}$ 为可逆矩阵,并且满足 $\boldsymbol{P}^{-1}\boldsymbol{A}\boldsymbol{P}=\mathrm{diag}(\lambda_1,\lambda_2,\cdots,\lambda_n)$,其中 $\lambda_1,\lambda_2,\cdots,\lambda_n$ 依次为 $\boldsymbol{\xi}_1,\boldsymbol{\xi}_2,\cdots,\boldsymbol{\xi}_n$ 所对应的特征值.

5. 实对称矩阵的性质

(1) 实对称矩阵的特征值均为实数;

(2) 实对称矩阵的不同特征值对应的特征向量必定正交;

(3) 若 $\boldsymbol{A}$ 为 n 阶实对称矩阵,则必有正交矩阵 $\boldsymbol{P}$,使 $\boldsymbol{P}^{-1}\boldsymbol{A}\boldsymbol{P}=\boldsymbol{P}^{\mathrm{T}}\boldsymbol{A}\boldsymbol{P}=\mathrm{diag}(\lambda_1,\lambda_2,\cdots,\lambda_n)$,其中 $\lambda_1,\lambda_2,\cdots,\lambda_n$ 为矩阵的特征值.

6. 实对称矩阵对角化的方法

(1)当 n 阶实对称矩阵 $\boldsymbol{A}$ 有 n 个不同的特征值 $\lambda_1,\lambda_2,\cdots,\lambda_n$ 时,只需将其对应的特征向量 $\boldsymbol{\xi}_1,\boldsymbol{\xi}_2,\cdots,\boldsymbol{\xi}_n$ 单位化得 $\boldsymbol{\eta}_1,\boldsymbol{\eta}_2,\cdots,\boldsymbol{\eta}_n$,令 $\boldsymbol{P}=(\boldsymbol{\eta}_1,\boldsymbol{\eta}_2,\cdots,\boldsymbol{\eta}_n)$,即为所求正交矩阵;

(2) 当 n 阶实对称矩阵 $\boldsymbol{A}$ 的特征值有重根时,则需先将重根对应的特征向量正交化,再将所得正交向量组单位化,并以此作为矩阵 $\boldsymbol{P}$ 的列向量,则 $\boldsymbol{P}$ 即为所求正交矩阵.

例 1　设矩阵 $\boldsymbol{A}=\begin{pmatrix}1 & -1 & 1\\ x & 4 & y\\ -3 & -3 & 5\end{pmatrix}$，已知 $\boldsymbol{A}$ 有三个线性无关的特征向量，$\lambda=2$ 是 $\boldsymbol{A}$ 的二重特征根，试求可逆矩阵 $\boldsymbol{P}$，使得 $\boldsymbol{P}^{-1}\boldsymbol{AP}$ 为对角矩阵.

解：因为 $\boldsymbol{A}$ 有三个线性无关的特征向量，$\lambda=2$ 是 $\boldsymbol{A}$ 的二重特征根，所以 $\boldsymbol{A}$ 对应于 $\lambda=2$ 的线性无关的特征向量有两个，故 $R(\boldsymbol{A}-2\boldsymbol{E})=1$.

因为 $\boldsymbol{A}-2\boldsymbol{E}=\begin{pmatrix}-1 & -1 & 1\\ x & 2 & y\\ -3 & -3 & 3\end{pmatrix}\sim\begin{pmatrix}1 & 1 & -1\\ 0 & 2-x & y+x\\ 0 & 0 & 0\end{pmatrix}$，于是 $x=2$，$y=-2$，矩阵 $\boldsymbol{A}=\begin{pmatrix}1 & -1 & 1\\ 2 & 4 & -2\\ -3 & -3 & 5\end{pmatrix}$.

由 $|\boldsymbol{A}-\lambda\boldsymbol{E}|=(\lambda-2)^2(6-\lambda)=0$，得 $\boldsymbol{A}$ 的特征值 $\lambda_1=\lambda_2=2,\lambda_3=6$，

解 $(\boldsymbol{A}-2\boldsymbol{E})\boldsymbol{x}=\boldsymbol{0}$，得对应于 $\lambda_1=\lambda_2=2$ 的特征向量为 $\boldsymbol{\xi}_1=(1,-1,0)^{\mathrm{T}}$，$\boldsymbol{\xi}_2=(1,0,1)^{\mathrm{T}}$；

解 $(\boldsymbol{A}-6\boldsymbol{E})\boldsymbol{x}=\boldsymbol{0}$，得对应于 $\lambda_3=6$ 的特征向量为 $\boldsymbol{\xi}_3=(1,-2,3)^{\mathrm{T}}$.

由 $\boldsymbol{\xi}_1,\boldsymbol{\xi}_2,\boldsymbol{\xi}_3$ 可得所求矩阵 $\boldsymbol{P}=\begin{pmatrix}1 & 1 & 1\\ -1 & 0 & -2\\ 0 & 1 & 3\end{pmatrix}$，则 $\boldsymbol{P}^{-1}\boldsymbol{AP}=\begin{pmatrix}2 & 0 & 0\\ 0 & 2 & 0\\ 0 & 0 & 6\end{pmatrix}$.

例 2　设 $\boldsymbol{A}=\begin{pmatrix}4 & 6 & 0\\ -3 & -5 & 0\\ -3 & -6 & 1\end{pmatrix}$，计算 $\boldsymbol{A}^{100}$.

分析：计算一个方阵的幂一般比较困难，尤其是当矩阵的阶数和幂次都较高的时候，计算量十分庞大.但是若所求矩阵能与一个对角矩阵相似，这时计算方阵的幂将比较方便，因为若存在可逆矩阵 $\boldsymbol{P}$，使 $\boldsymbol{P}^{-1}\boldsymbol{AP}=\boldsymbol{D}=\mathrm{diag}(\lambda_1,\lambda_2,\cdots,\lambda_n)$，那么 $\boldsymbol{A}=\boldsymbol{PDP}^{-1}$，$\boldsymbol{A}^n=(\boldsymbol{PDP}^{-1})^n=(\boldsymbol{PDP}^{-1})(\boldsymbol{PDP}^{-1})\cdots(\boldsymbol{PDP}^{-1})=\boldsymbol{PD}^n\boldsymbol{P}^{-1}=\boldsymbol{P}\mathrm{diag}(\lambda_1^n,\lambda_2^n,\cdots,\lambda_n^n)\boldsymbol{P}^{-1}$.

解：由 $|\boldsymbol{A}-\lambda\boldsymbol{E}|=(\lambda+2)(\lambda-1)^2=0$ 得 $\boldsymbol{A}$ 的三个特征值为 $\lambda_1=-2,\lambda_2=\lambda_3=1$.

当 $\lambda_1=-2$ 时，由 $(\boldsymbol{A}+2\boldsymbol{E})\boldsymbol{x}=\boldsymbol{0}$，得到对应于 $\lambda_1=-2$ 的特征向量为 $\boldsymbol{\xi}_1=(-1,1,1)^{\mathrm{T}}$；

当 $\lambda_2=\lambda_3=1$ 时，由 $(\boldsymbol{A}-\boldsymbol{E})\boldsymbol{x}=\boldsymbol{0}$，得到对应于 $\lambda_2=\lambda_3=1$ 的特征向量为 $\boldsymbol{\xi}_2=(0,0,1)^{\mathrm{T}}$，$\boldsymbol{\xi}_3=(-2,1,0)^{\mathrm{T}}$.

令 $\boldsymbol{P}=(\boldsymbol{\xi}_1,\boldsymbol{\xi}_2,\boldsymbol{\xi}_3)=\begin{pmatrix}-1 & 0 & -2\\ 1 & 0 & 1\\ 1 & 1 & 0\end{pmatrix}$，则 $\boldsymbol{P}^{-1}=\begin{pmatrix}1 & 2 & 0\\ -1 & -2 & 1\\ -1 & -1 & 0\end{pmatrix}$，所以

$$\boldsymbol{A}^{100}=(\boldsymbol{PDP}^{-1})^{100}=\boldsymbol{PD}^{100}\boldsymbol{P}^{-1}$$

$$=\begin{pmatrix}-1&0&-2\\1&0&1\\1&1&0\end{pmatrix}\begin{pmatrix}(-2)^{100}&0&0\\0&1^{100}&0\\0&0&1^{100}\end{pmatrix}\begin{pmatrix}1&2&0\\-1&-2&1\\-1&-1&0\end{pmatrix}$$

$$=\begin{pmatrix}-2^{100}+2&-2^{101}+2&0\\2^{100}-1&2^{101}-1&0\\2^{100}-1&2^{101}-2&1\end{pmatrix}.$$

例 3 已知 1,1,−1 是 3 阶实对称矩阵 $\boldsymbol{A}$ 的三个特征值,向量 $\boldsymbol{\xi}_1=(1,1,1)^{\mathrm{T}}$,$\boldsymbol{\xi}_2=(2,2,1)^{\mathrm{T}}$ 是 $\boldsymbol{A}$ 的对应于 $\lambda_1=\lambda_2=1$ 的特征向量,问:(1)能否由此求出 $\boldsymbol{A}$ 的属于 $\lambda_3=-1$ 的特征向量,若能,求出该特征向量,若不能,说明理由;(2)能否由上述条件求出实对称矩阵 $\boldsymbol{A}$,若能,求出 $\boldsymbol{A}$,若不能,说明理由.

解:(1) 能.因为实对称矩阵的不同特征值对应的特征向量相互正交,而三阶实对称矩阵 $\boldsymbol{A}$ 的二重特征值 $\lambda_1=\lambda_2=1$ 已有两个线性无关的特征向量 $\boldsymbol{\xi}_1,\boldsymbol{\xi}_2$,故只要求出与 $\boldsymbol{\xi}_1,\boldsymbol{\xi}_2$ 都正交的向量,即是属于 $\lambda_3=-1$ 的特征向量,令 $\boldsymbol{\xi}_3=(x_1,x_2,x_3)^{\mathrm{T}}$,则其应满足 $\begin{cases}[\boldsymbol{\xi}_1,\boldsymbol{\xi}_3]=x_1+x_2+x_3=0\\[\boldsymbol{\xi}_2,\boldsymbol{\xi}_3]=2x_1+2x_2+x_3=0\end{cases}$,得 $\boldsymbol{\xi}_3=k(-1,1,0)^{\mathrm{T}}$,其中 $k\neq0$.

(2) 能.因为实对称矩阵一定能相似于对角矩阵,现特征值已知,三个线性无关的特征向量已求得,故由 $\boldsymbol{P}^{-1}\boldsymbol{A}\boldsymbol{P}=\begin{pmatrix}1&&\\&1&\\&&-1\end{pmatrix}$,其中 $\boldsymbol{P}=\begin{pmatrix}1&2&-1\\1&2&1\\1&1&0\end{pmatrix}$,得到

$$\boldsymbol{A}=\boldsymbol{P}\begin{pmatrix}1&&\\&1&\\&&-1\end{pmatrix}\boldsymbol{P}^{-1}=\begin{pmatrix}0&1&0\\1&0&0\\0&0&1\end{pmatrix}.$$

A 类题

1. 判断题

(1) 在相似变换下,矩阵的行列式不变. ( )

(2) 两个矩阵相似,其特征值相同. ( )

(3) 两个矩阵相似,其特征向量相同. ( )

(4) 实矩阵的特征值一定是实数. ( )

(5) 实对称矩阵必与对角阵相似. ( )

(6) n 阶实对角阵必有 n 个正交的特征向量. ( )

(7) 相似变换不改变矩阵的对称性. ( )

(8) 对称矩阵的特征值均大于零. ( )

2. 填空题

(1) 若三阶矩阵 $\boldsymbol{A}$ 与矩阵 $\boldsymbol{\Lambda}=\begin{pmatrix}4&0&0\\0&5&0\\0&0&6\end{pmatrix}$ 相似，则 $\boldsymbol{A}$ 的特征值为__________，$\boldsymbol{A}$ 的秩为__________.

(2) 设 $\boldsymbol{A}=(a_{ij})_{3\times 3}$ 是实正交矩阵，且 $a_{11}=1$，$\boldsymbol{b}=(7,0,0)^{\mathrm{T}}$，则线性方程组 $\boldsymbol{Ax}=\boldsymbol{b}$ 的解是____________.

(3) $\boldsymbol{A}=\begin{pmatrix}11&12&13\\14&15&16\\17&18&19\end{pmatrix}$，$\lambda_1,\lambda_2,\lambda_3$ 为 $\boldsymbol{B}=\boldsymbol{P}^{-1}\boldsymbol{AP}$ 的 3 个特征值，则 $\lambda_1+\lambda_2+\lambda_3=$____.

3. 选择题

(1) n 阶方阵 $\boldsymbol{A}$ 具有 n 个不同的特征值是 $\boldsymbol{A}$ 与对角矩阵相似的(　　).

(A)充分必要条件　　(B) 充分但非必要条件

(C) 必要但非充分条件　　(D) 既非充分又非必要条件

(2) 设 $\boldsymbol{X}$ 是 $\boldsymbol{A}$ 的特征向量，$\boldsymbol{B}=\boldsymbol{P}^{-1}\boldsymbol{AP}$，则 $\boldsymbol{B}$ 的特征向量为(　　).

(A) $\boldsymbol{X}$　　(B) $\boldsymbol{PX}$　　(C) $\boldsymbol{P}^{\mathrm{T}}\boldsymbol{X}$　　(D) $\boldsymbol{P}^{-1}\boldsymbol{X}$

(3) 设 $\boldsymbol{A},\boldsymbol{B}$ 为 n 阶矩阵，且 $\boldsymbol{A}$ 与 $\boldsymbol{B}$ 相似，$\boldsymbol{E}$ 为 n 阶单位矩阵，则下列命题正确的是(　　).

(A) $\lambda\boldsymbol{E}-\boldsymbol{A}=\lambda\boldsymbol{E}-\boldsymbol{B}$　　(B) $\boldsymbol{A}$ 与 $\boldsymbol{B}$ 有相同的特征值与特征向量

(C) $\boldsymbol{A}$ 与 $\boldsymbol{B}$ 都相似于一个对角阵　　(D) 对任意常数 t，$t\boldsymbol{E}-\boldsymbol{A}$ 与 $t\boldsymbol{E}-\boldsymbol{B}$ 相似

(4) 设矩阵 $\boldsymbol{B}=\begin{pmatrix}1&0&0\\0&1&0\\0&0&1\end{pmatrix}$，已知矩阵 $\boldsymbol{A}$ 相似于 $\boldsymbol{B}$，则 $R(\boldsymbol{A}-2\boldsymbol{E})$ 与 $R(\boldsymbol{A}-\boldsymbol{E})$ 之和等于(　　).

(A) 2　　(B) 3　　(C) 4　　(D) 5

(5) 设 $\boldsymbol{A}$ 是 4 阶实对称矩阵，且 $\boldsymbol{A}^2+\boldsymbol{A}=\boldsymbol{O}$. 若 $R(\boldsymbol{A})=2$，则 $\boldsymbol{A}$ 相似于(　　).

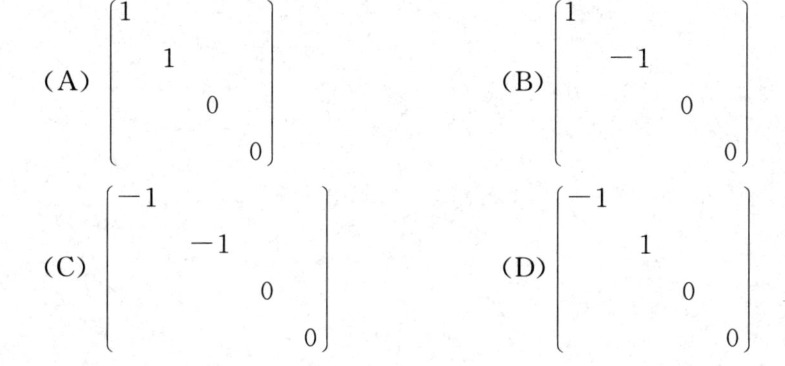

(A) $\begin{pmatrix}1&&&\\&1&&\\&&0&\\&&&0\end{pmatrix}$　　(B) $\begin{pmatrix}1&&&\\&-1&&\\&&0&\\&&&0\end{pmatrix}$

(C) $\begin{pmatrix}-1&&&\\&-1&&\\&&0&\\&&&0\end{pmatrix}$　　(D) $\begin{pmatrix}-1&&&\\&1&&\\&&0&\\&&&0\end{pmatrix}$

4. 计算题

(1) 设矩阵 $\boldsymbol{A}=\begin{pmatrix}1 & -1 & 1\\ 2 & 4 & -2\\ -3 & -3 & a\end{pmatrix}$ 与矩阵 $\boldsymbol{\Lambda}=\begin{pmatrix}2 & 0 & 0\\ 0 & 2 & 0\\ 0 & 0 & b\end{pmatrix}$ 相似,求 a,b.

(2) 试判断下列矩阵是否相似.

(a) $\boldsymbol{A}=\begin{pmatrix}2 & 0 & 0\\ 0 & 0 & 1\\ 0 & 1 & 0\end{pmatrix}$, $\boldsymbol{B}=\begin{pmatrix}1 & 0 & 0\\ 0 & -1 & 0\\ 0 & -6 & 2\end{pmatrix}$

(b) $\boldsymbol{A}=\begin{pmatrix}2 & 0 & 0\\ 0 & 3 & 5\\ 0 & 1 & 2\end{pmatrix}$, $\boldsymbol{B}=\begin{pmatrix}3 & 1 & 0\\ 7 & 3 & 0\\ 0 & 0 & 1\end{pmatrix}$

(3) 设 $\boldsymbol{A}$ 是 3 阶矩阵,已知 $\boldsymbol{E}+\boldsymbol{A}, 3\boldsymbol{E}-\boldsymbol{A}, \boldsymbol{E}-3\boldsymbol{A}$ 均是不可逆矩阵,试问 $\boldsymbol{A}$ 是否相似于对角矩阵?并说明理由.

(4) 设 $\boldsymbol{A}=\begin{pmatrix}1 & 2 & 2\\ 2 & -2 & -4\\ 2 & -4 & -2\end{pmatrix}$,求一个正交矩阵 $\boldsymbol{P}$,使 $\boldsymbol{P}^{-1}\boldsymbol{A}\boldsymbol{P}=\boldsymbol{B}$ 为对角阵.

B 类题

1. 求可逆矩阵 $\boldsymbol{T}$,使得 $\boldsymbol{T}^{-1}\begin{pmatrix}2 & 1\\ -1 & 0\end{pmatrix}\boldsymbol{T}=\begin{pmatrix}1 & 1\\ 0 & 1\end{pmatrix}$,并计算 $\begin{pmatrix}2 & 1\\ -1 & 0\end{pmatrix}^{k}$.

2. 设三阶实对称矩阵 $\boldsymbol{A}$ 的特征值为 6,3,3,与特征值 6 对应的特征向量为 $\boldsymbol{p}_1=(1,1,1)^{\mathrm{T}}$,求 $\boldsymbol{A}$ 以及 $|\boldsymbol{A}^3-3\boldsymbol{E}|$.

3. 若 5 阶方阵 $\boldsymbol{A}$ 和 $\boldsymbol{B}$ 相似,方阵 $\boldsymbol{A}$ 的特征值为 $\frac{1}{2},\frac{1}{3},\frac{1}{4},\frac{1}{5},\frac{1}{6}$,求行列式 $|\boldsymbol{B}^{-1}-\boldsymbol{E}|$.

4. 已知 $\boldsymbol{p}=\begin{pmatrix}1\\1\\-1\end{pmatrix}$ 是矩阵 $\boldsymbol{A}=\begin{pmatrix}2&-1&2\\5&a&3\\-1&b&-2\end{pmatrix}$ 的一个特征向量,

(1) 求 a,b 的值和特征向量 $\boldsymbol{p}$ 对应的特征值;

(2) 问 $\boldsymbol{A}$ 是否可对角化?说明理由.

5. 设 $\boldsymbol{A}$ 是 n 阶实对称矩阵,已知 $\boldsymbol{A}^2=\boldsymbol{E}$,$R(\boldsymbol{A}+\boldsymbol{E})=2$,试求 $\boldsymbol{A}$ 的相似对角矩阵,并计算 $|\boldsymbol{A}+4\boldsymbol{E}|$.

C 类题

1. 设 3 阶实对称矩阵 $\boldsymbol{A}$ 的各行元素之和均为 3，向量 $\boldsymbol{\alpha}_1=(-1,2,-1)^{\mathrm{T}}$，$\boldsymbol{\alpha}_2=(0,-1,1)^{\mathrm{T}}$是线性方程组 $\boldsymbol{Ax}=\boldsymbol{0}$ 的两个解.(1)求 $\boldsymbol{A}$ 的特征值与特征向量；(2)求正交矩阵 $\boldsymbol{Q}$ 和对角矩阵 $\boldsymbol{\Lambda}$，使得 $\boldsymbol{Q}^{\mathrm{T}}\boldsymbol{AQ}=\boldsymbol{\Lambda}$.

2. 证明下列各题

(1) 如果 $\boldsymbol{A}$ 与 $\boldsymbol{B}$ 相似，$\boldsymbol{C}$ 与 $\boldsymbol{D}$ 相似，证明分块矩阵 $\begin{pmatrix}\boldsymbol{A} & \boldsymbol{O}\\ \boldsymbol{O} & \boldsymbol{C}\end{pmatrix}$ 与 $\begin{pmatrix}\boldsymbol{B} & \boldsymbol{O}\\ \boldsymbol{O} & \boldsymbol{D}\end{pmatrix}$ 相似.

(2) 设 $\boldsymbol{A}$ 与 $\boldsymbol{B}$ 均为 n 阶方阵，$|\boldsymbol{A}|\neq 0$，证明 $\boldsymbol{AB}$ 与 $\boldsymbol{BA}$ 相似.

(3) 设 $\boldsymbol{A}$ 与 $\boldsymbol{B}$ 相似，证明对任一多项式 $f(x)$，有 $f(\boldsymbol{A})$ 与 $f(\boldsymbol{B})$ 相似.

第四节　二次型

1. 二次型

含有 n 个变量 $x_1,x_2,\cdots,x_n$ 的二次齐次多项式

$$f(x_1,x_2,\cdots,x_n)=\sum_{i=1}^{n}\sum_{j=1}^{n}a_{ij}x_ix_j=(x_1,x_2,\cdots,x_n)\begin{pmatrix}a_{11}&a_{12}&\cdots&a_{1n}\\a_{12}&a_{22}&\cdots&a_{2n}\\\vdots&\vdots&&\vdots\\a_{1n}&a_{2n}&\cdots&a_{nn}\end{pmatrix}\begin{pmatrix}x_1\\x_2\\\vdots\\x_n\end{pmatrix}=\boldsymbol{x}^{\mathrm{T}}\boldsymbol{A}\boldsymbol{x}$$

称为二次型,对称矩阵 $\boldsymbol{A}$ 为二次型的矩阵,$\boldsymbol{A}$ 的秩为二次型的秩.

2. 化二次型为标准形

(1) 二次型的标准形:任意一个秩为 r 的 n 元二次型 $\boldsymbol{x}^{\mathrm{T}}\boldsymbol{A}\boldsymbol{x}$,总可以通过非退化线性变换 $\boldsymbol{x}=\boldsymbol{C}\boldsymbol{y}$ 化为平方和的形式,即 $f=\boldsymbol{x}^{\mathrm{T}}\boldsymbol{A}\boldsymbol{x}=\boldsymbol{y}^{\mathrm{T}}(\boldsymbol{C}^{\mathrm{T}}\boldsymbol{A}\boldsymbol{C})\boldsymbol{y}=d_1y_1^2+d_2y_2^2+\cdots+d_ry_r^2$,将其称为二次型的标准形.

(2) 化二次型为标准形的方法:配方法;正交变换法.

3. 正交变换法化二次型为标准形的步骤

(1) 对给定的实二次型,求出其矩阵 $\boldsymbol{A}$ 的特征值 $\lambda_1,\lambda_2,\cdots,\lambda_n$ 及其所对应的特征向量 $\boldsymbol{\xi}_1,\boldsymbol{\xi}_2,\cdots,\boldsymbol{\xi}_n$;

(2) 将特征向量 $\boldsymbol{\xi}_1,\boldsymbol{\xi}_2,\cdots,\boldsymbol{\xi}_n$ 先正交化再单位化得到单位正交向量组 $\boldsymbol{\eta}_1,\boldsymbol{\eta}_2,\cdots,\boldsymbol{\eta}_n$;

(3) 以 $\boldsymbol{\eta}_1,\boldsymbol{\eta}_2,\cdots,\boldsymbol{\eta}_n$ 为列向量,构造出正交矩阵 $\boldsymbol{P}=(\boldsymbol{\eta}_1,\boldsymbol{\eta}_2,\cdots,\boldsymbol{\eta}_n)$,$\boldsymbol{P}^{-1}\boldsymbol{A}\boldsymbol{P}=\mathrm{diag}(\lambda_1,\lambda_2,\cdots,\lambda_n)$,$\boldsymbol{x}=\boldsymbol{P}\boldsymbol{y}$ 即为所求的正交变换,二次型经此正交变换化为标准形 $f=\lambda_1y_1^2+\lambda_2y_2^2+\cdots+\lambda_ny_n^2$.

例 1　已知二次型 $f(x_1,x_2,x_3)=5x_1^2+5x_2^2+cx_3^2-2x_1x_2+6x_1x_3-6x_2x_3$ 的秩为 2,(1)求参数 c 及此二次型矩阵对应的特征值;(2)指出方程 $f(x_1,x_2,x_3)=1$ 表示何二次曲面?

解: (1) 二次型的矩阵 $\boldsymbol{A}=\begin{pmatrix}5&-1&3\\-1&5&-3\\3&-3&c\end{pmatrix}\sim\begin{pmatrix}-1&5&-3\\0&2&-1\\0&0&c-3\end{pmatrix}$,由 $R(\boldsymbol{A})=2$,得 $c=3$.

$$|A-\lambda E|=\begin{vmatrix}5-\lambda & -1 & 3\\ -1 & 5-\lambda & -3\\ 3 & -3 & 3-\lambda\end{vmatrix}=0$$,得 $\lambda(\lambda-4)(9-\lambda)=0$,即 $\lambda_1=0,\lambda_2=4,\lambda_3=9$.

(2) 由于 $\boldsymbol{A}$ 存在 3 个互不相同的特征值,故存在正交变换 $\boldsymbol{x}=\boldsymbol{C}\boldsymbol{y}$,使 $f=\boldsymbol{x}^{\mathrm{T}}\boldsymbol{A}\boldsymbol{x}=\boldsymbol{y}^{\mathrm{T}}\begin{pmatrix}0 & & \\ & 4 & \\ & & 9\end{pmatrix}\boldsymbol{y}=4y_2^2+9y_3^2$,方程 $f=4y_2^2+9y_3^2=1$ 表示椭圆柱面.

例 2　设二次型 $f(x_1,x_2,x_3)=3x_3^2+2x_1x_2+4x_1x_3+2ax_2x_3$,经正交变换 $\begin{pmatrix}x_1\\x_2\\x_3\end{pmatrix}=\boldsymbol{P}\begin{pmatrix}y_1\\y_2\\y_3\end{pmatrix}$化成标准形 $f=5y_1^2+by_2^2-y_3^2$,(1)求参数 a,b 的值;(2)求出所用正交变换矩阵 $\boldsymbol{P}$.

解:(1) 二次型的矩阵 $\boldsymbol{A}$ 及二次型的标准形的矩阵 $\boldsymbol{D}$ 分别为 $\boldsymbol{A}=\begin{pmatrix}0 & 1 & 2\\ 1 & 0 & a\\ 2 & a & 3\end{pmatrix}$,$\boldsymbol{D}=\begin{pmatrix}5 & 0 & 0\\ 0 & b & 0\\ 0 & 0 & -1\end{pmatrix}$,由于是经正交变换 $\boldsymbol{x}=\boldsymbol{P}\boldsymbol{y}$ 化二次型为标准形,矩阵 $\boldsymbol{A}$ 与对角矩阵 $\boldsymbol{D}$ 既是合同关系,又是相似关系,则由 $\boldsymbol{A}$ 与 $\boldsymbol{D}$ 相似,可得 $5+b+(-1)=0+0+3$,$5\times b\times(-1)=|\boldsymbol{A}|=4a-3$,解得 $a=2,b=-1$.

(2) 由(1)知,f 的矩阵 $\boldsymbol{A}$ 的特征值为 $\lambda_1=5,\lambda_2=\lambda_3=-1$,对于特征值 $\lambda_1=5$,易求得其对应的单位特征向量为 $\boldsymbol{\varepsilon}_1=\frac{1}{\sqrt{6}}(1,1,2)^{\mathrm{T}}$;对于特征值 $\lambda_2=\lambda_3=-1$,解 $(\boldsymbol{A}+\boldsymbol{E})\boldsymbol{x}=\boldsymbol{O}$ 得其基础解系为 $\boldsymbol{\xi}_2=(-1,1,0)^{\mathrm{T}},\boldsymbol{\xi}_3=(-2,0,1)^{\mathrm{T}}$,先将 $\boldsymbol{\xi}_2$、$\boldsymbol{\xi}_3$ 正交化,得 $\boldsymbol{\eta}_2=(-1,1,0)^{\mathrm{T}}$,$\boldsymbol{\eta}_3=(-1,-1,1)^{\mathrm{T}}$,再将 $\boldsymbol{\eta}_2,\boldsymbol{\eta}_3$ 单位化即得属于 $\lambda_2=\lambda_3=-1$ 的标准正交的特征向量 $\boldsymbol{\varepsilon}_2=\frac{1}{\sqrt{2}}(1,-1,0)^{\mathrm{T}}$,$\boldsymbol{\varepsilon}_3=\frac{1}{\sqrt{3}}(1,1,-1)^{\mathrm{T}}$,因此所用的正交矩阵为

$$\boldsymbol{P}=(\boldsymbol{\varepsilon}_1,\boldsymbol{\varepsilon}_2,\boldsymbol{\varepsilon}_3)=\begin{pmatrix}\frac{1}{\sqrt{6}} & \frac{1}{\sqrt{2}} & \frac{1}{\sqrt{3}}\\ \frac{1}{\sqrt{6}} & -\frac{1}{\sqrt{2}} & \frac{1}{\sqrt{3}}\\ \frac{2}{\sqrt{6}} & 0 & -\frac{1}{\sqrt{3}}\end{pmatrix}.$$

A类题

1. 填空题

(1) 二次型 $f(x_1,x_2,x_3)=x_1^2+3x_2^2+5x_3^2-2x_1x_2+4x_2x_3-4x_1x_3$ 的秩是________.

(2) 二次型 $f(x_1,x_2,x_3)=(x_1+x_2)^2+2(x_2-x_3)^2+(x_3+x_1)^2$ 的秩是__________.

(3) 二次型 $f(x_1,x_2)=3x_1^2+5x_2^2-8x_1x_2$ 的矩阵是________________________.

(4) 二次型 $f(x_1,x_2,x_3)=a(x_1^2+x_2^2+x_3^2)+4x_1x_2+4x_1x_3+4x_2x_3$ 经正交变换 $\boldsymbol{x}=\boldsymbol{P}\boldsymbol{y}$ 可化为标准形 $f=6y_1^2$,则 $a=$____________.

(5) 矩阵 $\boldsymbol{A}=\begin{pmatrix}1&2&3\\2&3&4\\3&4&5\end{pmatrix}$ 对应的二次型是____________________________;

矩阵 $\boldsymbol{A}=\begin{pmatrix}3&-2&-1&3\\-2&0&2&1\\-1&2&1&-1\\3&1&-1&2\end{pmatrix}$ 对应的二次型是________________.

2. 选择题

(1) 矩阵(　　)是二次型 $x_1^2+3x_2^2-2x_1x_2$ 的矩阵;

(A) $\begin{pmatrix}1&-1\\-1&3\end{pmatrix}$　(B) $\begin{pmatrix}1&2\\4&3\end{pmatrix}$　(C) $\begin{pmatrix}1&3\\3&3\end{pmatrix}$　(D) $\begin{pmatrix}1&5\\1&3\end{pmatrix}$

(2) 设 $\boldsymbol{A},\boldsymbol{B}$ 为同阶方阵,$\boldsymbol{x}=(x_1,x_2,\cdots,x_n)^{\mathrm{T}}$,且 $\boldsymbol{x}^{\mathrm{T}}\boldsymbol{A}\boldsymbol{x}=\boldsymbol{x}^{\mathrm{T}}\boldsymbol{B}\boldsymbol{x}$,当(　　)时,有 $\boldsymbol{A}=\boldsymbol{B}$.

(A) $R(\boldsymbol{A})=R(\boldsymbol{B})$　(B) $\boldsymbol{A}^{\mathrm{T}}=\boldsymbol{A}$　(C) $\boldsymbol{B}^{\mathrm{T}}=\boldsymbol{B}$　(D) $\boldsymbol{A}^{\mathrm{T}}=\boldsymbol{A},\boldsymbol{B}^{\mathrm{T}}=\boldsymbol{B}$

(3) 设 $\boldsymbol{A}=\begin{pmatrix}1&1&1&1\\1&1&1&1\\1&1&1&1\\1&1&1&1\end{pmatrix}$, $\boldsymbol{B}=\begin{pmatrix}4&0&0&0\\0&0&0&0\\0&0&0&0\\0&0&0&0\end{pmatrix}$,则 $\boldsymbol{A}$ 与 $\boldsymbol{B}$(　　)

(A) 合同且相似　(B) 合同但不相似

(C) 不合同但相似　(D) 不合同且不相似

3. 计算题

(1) 用矩阵运算表示下列二次型:

(a) $f(x,y,z)=x^2+2y^2+3z^2-2xy-2xz+4yz$;

(b) $f(x_1,x_2,x_3,x_4)=x_1^2+3x_2^2+x_3^2+5x_4^2-4x_1x_2+2x_1x_3-8x_1x_4+6x_2x_3-2x_2x_4$.

(2) 写出二次型 $f(x_1,x_2,x_3)=(x_1,x_2,x_3)\begin{pmatrix}1&2&4\\1&3&2\\5&1&1\end{pmatrix}\begin{pmatrix}x_1\\x_2\\x_3\end{pmatrix}$的矩阵.

(3) 用配方法化下列二次型为标准形,并写出变换矩阵.

$f(x_1,x_2,x_3)=2x_1^2+x_2^2+4x_3^2+2x_1x_2-2x_2x_3$.

(4) 用正交变换将下列二次型化为标准形,并写出所作的正交变换的矩阵.

(a) $f(x_1,x_2,x_3)=2x_1^2+x_2^2-4x_1x_2-4x_2x_3$;

(b) $f(x_1,x_2,x_3)=4x_2^2-3x_3^2+4x_1x_2-4x_1x_3+8x_2x_3$;

(c) $f(x_1, x_2, x_3) = x_1^2 + 4x_2^2 + 4x_3^2 - 4x_1x_2 + 4x_1x_3 - 8x_2x_3$.

(5) 求一个正交变换把二次曲面方程 $3x^2 + 5y^2 + 5z^2 + 4xy - 4xz - 10yz = 1$ 化成标准方程.

(6) 已知二次型 $f = 2x_1^2 + 3x_2^2 + 3x_3^2 + 2ax_2x_3 (a > 0)$ 通过正交变换化为标准形 $f = y_1^2 + 2y_2^2 + 5y_3^2$,求参数 a 及所用的正交变换矩阵.

4. 证明下列各题

(1) 设 $\boldsymbol{A}^2 - 3\boldsymbol{A} + 2\boldsymbol{E} = \boldsymbol{O}$,证明 $\boldsymbol{A}$ 的特征值只能取 1 或 2.

(2) 设 $\boldsymbol{A}$ 为 n 阶实对称矩阵,且对任意的 n 维向量 $\boldsymbol{x}$ 都有 $\boldsymbol{x}^{\mathrm{T}}\boldsymbol{A}\boldsymbol{x} = 0$,证明 $\boldsymbol{A} = \boldsymbol{O}$.

第五节 正定二次型

1. 正定、负定

若实二次型 $f(x_1,x_2,\cdots,x_n)=\boldsymbol{x}^{\mathrm{T}}\boldsymbol{A}\boldsymbol{x}$ 对任何向量 $\boldsymbol{x}=(x_1,x_2,\cdots,x_n)\neq\boldsymbol{0}$ 都有 $f>0$,则称 f 为正定二次型,此时矩阵 $\boldsymbol{A}$ 称为正定矩阵;若对任何向量 $\boldsymbol{x}\neq\boldsymbol{0}$ 都有 $f<0$,则称 f 为负定二次型,此时矩阵 $\boldsymbol{A}$ 称为负定矩阵.

2. n 元实二次型 $f=\boldsymbol{x}^{\mathrm{T}}\boldsymbol{A}\boldsymbol{x}$ 正定的充分必要条件

(1) 对任意向量 $\boldsymbol{x}=(x_1,x_2,\cdots,x_n)^{\mathrm{T}}\neq\boldsymbol{0}$,实二次型 $f(x_1,x_2,\cdots,x_n)=\boldsymbol{x}^{\mathrm{T}}\boldsymbol{A}\boldsymbol{x}>0$;

(2) 二次型的标准形的系数全为正,即其正惯性指数为 n;

(3) $\boldsymbol{A}$ 的 n 个特征值全为正;

(4) 存在可逆矩阵 $\boldsymbol{C}$,使 $\boldsymbol{A}=\boldsymbol{C}^{\mathrm{T}}\boldsymbol{C}$;

(5) $\boldsymbol{A}$ 的 n 个顺序主子式全大于零.

例 1 设 $\boldsymbol{A}$ 为 3 阶实对称矩阵,且满足关系式 $\boldsymbol{A}^2+2\boldsymbol{A}=\boldsymbol{O}$,已知 $\boldsymbol{A}$ 的秩为 2,(1)求 $\boldsymbol{A}$ 的全部特征值;(2)当 k 为何值时,矩阵 $\boldsymbol{A}+k\boldsymbol{E}$ 为正定矩阵,其中 $\boldsymbol{E}$ 为 3 阶单位矩阵.

解: (1) 设 λ 是 $\boldsymbol{A}$ 的一个特征值,对应的特征向量为 $\boldsymbol{\alpha}$,则有 $\boldsymbol{A\alpha}=\lambda\boldsymbol{\alpha}$,$\boldsymbol{A}^2\boldsymbol{\alpha}=\lambda^2\boldsymbol{\alpha}$,于是 $(\boldsymbol{A}^2+2\boldsymbol{A})\boldsymbol{\alpha}=(\lambda^2+2\lambda)\boldsymbol{\alpha}$,由条件 $\boldsymbol{A}^2+2\boldsymbol{A}=\boldsymbol{O}$ 推知 $(\lambda^2+2\lambda)\boldsymbol{\alpha}=\boldsymbol{O}$,又由于 $\boldsymbol{\alpha}\neq\boldsymbol{O}$,故有 $\lambda^2+2\lambda=0$,解得 $\lambda=-2$ 或 $\lambda=0$. 因为 $\boldsymbol{A}$ 为实对称矩阵,必可对角化,且 $\boldsymbol{A}$ 的秩为 2,则 $\boldsymbol{A}$ 与对角阵 $\begin{pmatrix}-2 & & \\ & -2 & \\ & & 0\end{pmatrix}$ 相似,因此矩阵的全部特征值为 $\lambda_1=\lambda_2=-2,\lambda_3=0$.

(2) $\boldsymbol{A}$ 为 3 阶实对称矩阵,矩阵 $\boldsymbol{A}+k\boldsymbol{E}$ 也为实对称矩阵,且 $\boldsymbol{A}+k\boldsymbol{E}$ 的全部特征值为 $-2+k,-2+k,k$,于是当 $k>2$ 时,矩阵 $\boldsymbol{A}+k\boldsymbol{E}$ 的全部特征值大于 0,即为正定矩阵.

例 2 $\boldsymbol{A}$ 为 m 阶实对称矩阵且正定,$\boldsymbol{B}$ 为 $m\times n$ 实矩阵,试证 $\boldsymbol{B}^{\mathrm{T}}\boldsymbol{A}\boldsymbol{B}$ 为正定矩阵的充分必要条件是 $\boldsymbol{B}$ 的秩为 n.

证明: 必要性. $\boldsymbol{B}^{\mathrm{T}}\boldsymbol{A}\boldsymbol{B}$ 为正定矩阵,则对任意的 n 维非零向量 $\boldsymbol{x}$,有 $\boldsymbol{x}^{\mathrm{T}}(\boldsymbol{B}^{\mathrm{T}}\boldsymbol{A}\boldsymbol{B})\boldsymbol{x}>0$,即 $(\boldsymbol{Bx})^{\mathrm{T}}\boldsymbol{A}(\boldsymbol{Bx})>0$,由于 $\boldsymbol{A}$ 为正定矩阵,所以 $\boldsymbol{Bx}\neq\boldsymbol{0}$,即 $\boldsymbol{Bx}=\boldsymbol{0}$只有零解,因此 $R(\boldsymbol{B})=n$.

充分性. 要证 $\boldsymbol{B}^{\mathrm{T}}\boldsymbol{A}\boldsymbol{B}$ 为正定矩阵,首先证其为对称矩阵,因为$(\boldsymbol{B}^{\mathrm{T}}\boldsymbol{A}\boldsymbol{B})^{\mathrm{T}}=\boldsymbol{B}^{\mathrm{T}}\boldsymbol{A}^{\mathrm{T}}\boldsymbol{B}=\boldsymbol{B}^{\mathrm{T}}\boldsymbol{A}\boldsymbol{B}$,所以 $\boldsymbol{B}^{\mathrm{T}}\boldsymbol{A}\boldsymbol{B}$ 为实对称矩阵. 又因为 $R(\boldsymbol{B})=n$,则线性方程组 $\boldsymbol{Bx}=\boldsymbol{0}$ 只有零解,对任

意的 n 维非零向量 $\boldsymbol{x}$，$\boldsymbol{Bx}\neq\boldsymbol{0}$，又 $\boldsymbol{A}$ 为正定矩阵，对于 $\boldsymbol{Bx}\neq\boldsymbol{0}$，有 $(\boldsymbol{Bx})^{\mathrm{T}}\boldsymbol{A}(\boldsymbol{Bx})>0$，于是当 $\boldsymbol{x}\neq\boldsymbol{0}$ 时，$\boldsymbol{x}^{\mathrm{T}}(\boldsymbol{B}^{\mathrm{T}}\boldsymbol{AB})x>0$，所以 $\boldsymbol{B}^{\mathrm{T}}\boldsymbol{AB}$ 为正定矩阵.

例 3　设 $\boldsymbol{A}$、$\boldsymbol{B}$ 分别为 m 阶和 n 阶正定矩阵，矩阵 $\boldsymbol{C}=\begin{pmatrix}\boldsymbol{A} & \boldsymbol{O}\\ \boldsymbol{O} & \boldsymbol{B}\end{pmatrix}$，试证 $\boldsymbol{C}$ 为正定矩阵.

证明：因为

$$\boldsymbol{C}^{\mathrm{T}}=\begin{pmatrix}\boldsymbol{A} & \boldsymbol{O}\\ \boldsymbol{O} & \boldsymbol{B}\end{pmatrix}^{\mathrm{T}}=\begin{pmatrix}\boldsymbol{A}^{\mathrm{T}} & \boldsymbol{O}\\ \boldsymbol{O} & \boldsymbol{B}^{\mathrm{T}}\end{pmatrix}=\begin{pmatrix}\boldsymbol{A} & \boldsymbol{O}\\ \boldsymbol{O} & \boldsymbol{B}\end{pmatrix}=\boldsymbol{C},$$

所以 $\boldsymbol{C}$ 为对称矩阵.

设 $\boldsymbol{A}$ 的各阶顺序主子式为 $P_1,P_2,\cdots,P_m=|\boldsymbol{A}|$，$\boldsymbol{B}$ 的各阶顺序主子式 $Q_1,Q_2,\cdots,Q_n=|\boldsymbol{B}|$，则 $\boldsymbol{C}$ 的各阶顺序主子式为 $P_1,P_2,\cdots,|\boldsymbol{A}|,|\boldsymbol{A}|Q_1,|\boldsymbol{A}|Q_2,\cdots,|\boldsymbol{A}||\boldsymbol{B}|$，因为 $\boldsymbol{A}$、$\boldsymbol{B}$ 分别为正定矩阵，所以 $P_i>0(i=1,2,\cdots,m)$，$Q_j>0(j=1,2,\cdots,n)$，于是 $\boldsymbol{C}$ 的各阶顺序主子式大于 0，所以 $\boldsymbol{C}$ 为正定矩阵.

A 类题

1. 填空题

(1) 二次型 $\boldsymbol{x}^{\mathrm{T}}\boldsymbol{Ax}$ 是正定的充要条件是存在__________的线性变换 $\boldsymbol{x}=\boldsymbol{Cy}$，使得 $\boldsymbol{x}^{\mathrm{T}}\boldsymbol{Ax}=k_1y_1^2+k_2y_2^2+\cdots+k_ny_n^2$，$k_i>0$，$i=1,2,\cdots,n$.

(2) 二次型 $\boldsymbol{x}^{\mathrm{T}}\boldsymbol{Ax}$ 是正定的充要条件是实对称矩阵 $\boldsymbol{A}$ 的特征值都是______________.

(3) 实对称矩阵 $\boldsymbol{A}$ 是正定的，则行列式必__________________________.

(4) 如果实对称矩阵 $\boldsymbol{A}$ 有一个偶数阶的主子式 $\leqslant 0$，那么 $\boldsymbol{A}$ 必_____________.

(5) 判定一个二次型是否正定的，主要可用______、______、______、______等方法.

2. 计算下列各题

(1) 判别下列二次型的正定性：

(a) $f(x_1,x_2,x_3)=5x_1^2+6x_2^2+4x_3^2-4x_1x_2-4x_2x_3$；

(b) $f(x_1,x_2,x_3)=x_1^2+3x_2^2+9x_3^2-2x_1x_2+4x_1x_3$；

(c) $f(x_1,\cdots,x_n)=\sum_{i=1}^{n}x_i^2+\sum_{i=1}^{n-1}x_ix_{i+1}$.

(2) t 取何值时，下列二次型是正定的？

(a) $f(x_1,x_2,x_3)=x_1^2+x_2^2+5x_3^2+2tx_1x_2-2x_1x_3+4x_2x_3$；

(b) $f(x_1,x_2,x_3)=tx_1^2+x_2^2+5x_3^2-2tx_1x_2-2x_1x_3+4x_2x_3$.

(3) 设 $\boldsymbol{D}=\begin{pmatrix}\boldsymbol{A} & \boldsymbol{C}\\ \boldsymbol{C}^{\mathrm{T}} & \boldsymbol{B}\end{pmatrix}$ 为正定矩阵，其中 $\boldsymbol{A},\boldsymbol{B}$ 分别为 m 阶，n 阶对称矩阵，$\boldsymbol{C}$ 为 $m\times n$ 矩阵，(a) 计算 $\boldsymbol{P}^{\mathrm{T}}\boldsymbol{D}\boldsymbol{P}$，其中 $\boldsymbol{P}=\begin{pmatrix}\boldsymbol{E}_m & -\boldsymbol{A}^{-1}\boldsymbol{C}\\ \boldsymbol{O} & \boldsymbol{E}_n\end{pmatrix}$；(b) 利用(a)结果判断 $\boldsymbol{B}-\boldsymbol{C}^{\mathrm{T}}\boldsymbol{A}^{-1}\boldsymbol{C}$ 是否为正定矩阵，并证明结论.

3. 证明下列各题

(1) 设 $\boldsymbol{A}$ 是正定矩阵,证明 $k\boldsymbol{A}(k>0)$、$\boldsymbol{A}^{\mathrm{T}}$、$A^{-1}$ 也是正定矩阵.

(2) 设 $\boldsymbol{A}$、$\boldsymbol{B}$ 分别是 n 阶正定矩阵,证明 $\boldsymbol{A}+\boldsymbol{B}$、$\boldsymbol{BAB}$ 也是正定矩阵.

(3) 设 $\boldsymbol{A}$ 是可逆实矩阵,证明 $\boldsymbol{A}^{\mathrm{T}}\boldsymbol{A}$ 是一个正定矩阵.

(4) 设 $\boldsymbol{A}$ 是 n 阶实对称矩阵,且满足 $\boldsymbol{A}^3-6\boldsymbol{A}^2+11\boldsymbol{A}-6\boldsymbol{E}=\boldsymbol{O}$,证明 $\boldsymbol{A}$ 是正定矩阵.

(5) 设对称矩阵 $\boldsymbol{A}$ 为正定矩阵,证明存在可逆矩阵 $\boldsymbol{U}$,使得 $\boldsymbol{A}=\boldsymbol{U}^{\mathrm{T}}\boldsymbol{U}$.

参考答案

第一章　行列式

第一节　二阶与三阶行列式　全排列和对换　n 阶行列式的定义

A 类题

1. (1) ×；　(2) ×.

2. (1) C；　(2) C.

3. (1) 4；　(2) 9,2；　(3) $-a_{11}a_{23}a_{32}a_{44}$；　(4) 负；　(5) $\frac{n(n-1)}{2}$.

4. (1) 18；　(2) 5；　(3) $(-1)^{\frac{n(n-1)}{2}}n!$；　(4) $(-1)^{n-1}n!$；　(5) $(-1)^{\frac{(n-1)(n-2)}{2}}n!$.

B 类题

1. (1) $-2(x^3+y^3)$；　(2) $(-1)^{\frac{n(n-1)}{2}}a_{1n}a_{2,n-1}\cdots a_{n1}$.

2. 略.

C 类题

1. $\frac{n(n-1)}{2}-k$.　**2.** x^4 的系数为 24.

第二节　行列式的性质

A 类题

1. (1) 0；　(2) $-10xy(x+y)$；　(3) -294×10^5；　(4) $-\frac{1}{2}$；　(5) 0.

2. (1) 0；　(2) $4abcdef$；　(3) $abcd+ad+ab+cd+1$；　(4) $[b+(n-1)a](b-a)^{n-1}$.

B 类题

1. $x=0$ 或 $x=1$.　**2.** 略.

第三节　行列式按行(列)展开

A 类题

1. (1) -6；　(2) 8.

2. (1) 1；　(2) $-\frac{13}{12}$；　(3) -483；　(4) $\frac{3}{8}$.

3. -66.

B类题

1. (1) $x^n+(-1)^{n+1}y^n$；　(2) $(-1)^{n-1}\frac{(n+1)!}{2}$；　(3) $-2(n-2)!$.

2. 略.

第二章　矩阵的初等变换与线性方程组

第一节　矩阵的初等变换

A类题

1. (1)√；　(2)√；　(3)×；　(4)×；　(5)×；　(6)√.

2. (1) $\begin{bmatrix}1&0&0&9\\0&1&0&-1\\0&0&1&-6\end{bmatrix}$；　(2) $\begin{pmatrix}1&0&0\\0&1&0\end{pmatrix}$；　(3) $\begin{bmatrix}1&0&2&0&-2\\0&1&-1&0&3\\0&0&0&1&4\\0&0&0&0&0\end{bmatrix}$；$\begin{bmatrix}1&0&0&0&0\\0&1&0&0&0\\0&0&1&0&0\\0&0&0&0&0\end{bmatrix}$；

(4) $\begin{pmatrix}4&0\\0&1\end{pmatrix}\begin{pmatrix}1&0\\-1&1\end{pmatrix}\begin{pmatrix}1&0\\0&-2\end{pmatrix}$；　(5) $\begin{bmatrix}2&1\\2&\frac{3}{2}\end{bmatrix}$.

3. (1) D；　(2) A；　(3) B；　(4) A；(5) D；　(6) C；　(7) D；　(8) A.

4. (1) $\frac{1}{9}\begin{bmatrix}-2&4&1\\6&-3&-3\\1&-2&-5\end{bmatrix}$；　(2) $\begin{pmatrix}-7&-2&9\\5&1&-5\end{pmatrix}$.

B类题

1. $\begin{bmatrix}3&1\\2&2\\1&1\end{bmatrix}$.

2. (1) 略；　(2) $\boldsymbol{AB}^{-1}=\boldsymbol{E}(i,j)$.

第二节　矩阵的秩

A类题

1. (1) ×；　(2) √；　(3) √；　(4) √；　(5) ×；　(6) ×；　(7) ×；　(8) √；
(9) ×；　(10) √.

2. (1) 1, 2；　(2) 3, −1；　(3) 3.

3. (1) D；　(2) C；　(3) C；　(4) C；　(5) C；　(6) D；　(7) B；　(8) D；
(9) C；　(10) C；　(11) B.

4. (1) $R(\boldsymbol{A})=3$；

(2) $a=1$时，秩$(\boldsymbol{A})=1$；$a\neq1$，且$a\neq\frac{1}{1-n}$时，秩$(\boldsymbol{A})=n$；$a=\frac{1}{1-n}$时，秩$(\boldsymbol{A})=n-1$；

(3) $R(\boldsymbol{A})=3$；最高阶非零子式$\begin{vmatrix}3&2&-1\\2&-1&-3\\7&0&-8\end{vmatrix}\neq0$，或$\begin{vmatrix}3&-1&-1\\2&-3&-3\\7&5&-8\end{vmatrix}\neq0$，或$\begin{vmatrix}3&-3&-1\\2&1&-3\\7&-1&-8\end{vmatrix}\neq0$；

(4) 3；　(5) (a) $k=1$；　(b) $k=-2$；　(c) $k\neq-2$ 且 $k\neq1$.

B 类题

1. (1) 0；　(2) 1；　(3) 0；　(4) 1.　**2.** 略

C 类题(略)

第三节　线性方程组的解

A 类题

1. (1) √；　(2) (a) ×；　(b) √；　(3) (a) √；　(b) ×.

2. (1) $r, m-r$；　(2) $R(\boldsymbol{A})=R(\boldsymbol{A}\vdots\boldsymbol{b})$，$R(\boldsymbol{A})=R(\boldsymbol{A}\vdots\boldsymbol{b})=n$，$R(\boldsymbol{A})=R(\boldsymbol{A}\vdots\boldsymbol{b})<n$；

(3) $-1, 4, -1$、4；　(4) $a_1+a_2+a_3+a_4=0$；　(5) 0 或 5；　(6) -1.

3. (1) D；　(2) C；　(3) C.

4. (1) $R(\boldsymbol{A})=2, R(\boldsymbol{B})=3$，故方程组无解；　(2) 有解；

(3) (a) $\begin{pmatrix}x_1\\x_2\\x_3\\x_4\\x_5\end{pmatrix}=c_1\begin{pmatrix}-1\\1\\0\\0\\0\end{pmatrix}+c_2\begin{pmatrix}-1\\0\\-1\\0\\1\end{pmatrix}$.　($c_1, c_2$ 为任意常数)；

(b) $\begin{pmatrix}x_1\\x_2\\x_3\end{pmatrix}=\begin{pmatrix}-1\\2\\0\end{pmatrix}+c_2\begin{pmatrix}-2\\1\\1\end{pmatrix}$.　($c_1, c_2$ 为任意常数).

B 类题

1. (1) C；(2) D；(3) D；(4) A；(5) D；(6) B；(7) B；(8) B；(9) D.

2. (1) 当 $\lambda\neq1$ 且 $\lambda\neq10$ 时，方程组有惟一解.

当 $\lambda=1$ 时，$R(\boldsymbol{A})=R(\boldsymbol{B})=1$，方程组有无穷多解，通解为 $k_1\begin{pmatrix}-2\\1\\0\end{pmatrix}+k_2\begin{pmatrix}2\\0\\1\end{pmatrix}+\begin{pmatrix}1\\0\\0\end{pmatrix}$.

当 $\lambda=10$ 时，$R(\boldsymbol{A})=2, R(\boldsymbol{B})=3$，方程组无解.

(2) (a) 当 $\lambda\neq1, -\frac{4}{5}$ 时，$R(\boldsymbol{A})=R(\boldsymbol{B})=3$，且方程组有惟一解.

(b) 当 $\lambda=-\frac{4}{5}$，方程组无解.

(c) 当 $\lambda=1$，方程组有无穷多解，通解为

$$\begin{pmatrix}x_1\\x_2\\x_3\end{pmatrix}=k\begin{pmatrix}0\\1\\1\end{pmatrix}+\begin{pmatrix}1\\-1\\0\end{pmatrix}, k \text{ 为任意实数.}$$

当 $\lambda=4$ 且 $\mu=0$ 时，$R(\boldsymbol{A})=R(\boldsymbol{B})=2$，方程组有无穷多解，通解为

$$\begin{pmatrix}x_1\\x_2\\x_3\end{pmatrix}=k\begin{pmatrix}-7\\5\\1\end{pmatrix}+\begin{pmatrix}2\\-1\\0\end{pmatrix}, k \text{ 为任意实数.}$$

C类题(略)

第三章　相似矩阵与二次型

第一节　向量的内积与正交矩阵

A类题

1. (1) √；　(2) ×；　(3) ×；　(4) √；　(5) ×；　(6) √.

2. (1) 5；　(2) 4；　(3) −1.

3. (1) B；　(2) D；　(3) B；　(4) C.

4. (1) $\boldsymbol{\xi}_1=\frac{1}{\sqrt{2}}\begin{bmatrix}0\\1\\1\end{bmatrix}$，$\boldsymbol{\xi}_2=\frac{1}{\sqrt{6}}\begin{bmatrix}2\\1\\-1\end{bmatrix}$，$\boldsymbol{\xi}_3=\frac{1}{\sqrt{3}}\begin{bmatrix}1\\1\\-1\end{bmatrix}$；　(2) (a) $\frac{\pi}{2}$；　(b) $\frac{\pi}{4}$.

B类题

1. 10.　**2.** $\left(\frac{4}{\sqrt{26}},0,\frac{1}{\sqrt{26}},-\frac{3}{\sqrt{26}}\right)$.　**3.** $\boldsymbol{a}_2=\begin{pmatrix}1\\-1\\0\end{pmatrix}$，$\boldsymbol{\alpha}_3=\begin{pmatrix}\frac{1}{2}\\\frac{1}{2}\\-1\end{pmatrix}$.

C类题(略)

第二节　特征值与特征向量

A类题

1. (1) √；　(2) ×；　(3) ×；　(4) √.

2. (1) $a_1^4,a_2^4,\cdots,a_n^4$；　(2) $-6,-4,-12;-288;3,-1,5$；　(3) $4,0,0,0$；　(4) 2, 2, 2, −2.

3. (1) A；　(2) A；　(3) B；　(4) C；　(5) D；　(6) A.

4. (1) $\lambda_1=2,\lambda_2=3;\lambda_1=2$ 时，特征向量为 $k_1\begin{pmatrix}-1\\1\end{pmatrix},k_1\neq0;\lambda_2=3$ 时，特征向量为 $k_2\begin{pmatrix}-1\\2\end{pmatrix},k_2\neq0$；

(2) $\lambda_1=-1,\lambda_2=-1,\lambda_3=-1$，特征向量为 $k\begin{pmatrix}1\\1\\-1\end{pmatrix},k\neq0$.

B类题

1. $\lambda_1=0,\lambda_2=\lambda_3=2;\lambda_1=0$ 时，特征向量为 $k_1\begin{pmatrix}1\\0\\-1\end{pmatrix},k_1\neq0$；$\lambda_2=\lambda_3=2$ 时，特征向量为

$k_2\begin{pmatrix}0\\1\\0\end{pmatrix}+k_3\begin{pmatrix}1\\0\\1\end{pmatrix},k_2,k_3\neq0$.

2. $k=-2$ 或 $k=1$.

3. $\lambda_0=1, b=-3, a=c=2$.

4. $\lambda_1=\lambda_2=2$ 是 $\boldsymbol{A}$ 的特征值，所以 $\phi(2)=62$ 是矩阵 $\phi(\boldsymbol{A})$ 的特征值，$k\boldsymbol{\xi}=k(1,1)^{\mathrm{T}}$ 是全部的特征向量，其中 $k\neq 0$.

C 类题

1. $\lambda_1=\lambda_2=\cdots=\lambda_{n-1}=0$ 得 $n-1$ 个特征向量：

$$\left(-\frac{a_2}{a_1}\quad 1\quad 0\quad \cdots\quad 0\right)^{\mathrm{T}},\left(-\frac{a_3}{a_1}\quad 1\quad 0\quad \cdots\quad 0\right)^{\mathrm{T}},\cdots,\left(-\frac{a_n}{a_1}\quad 1\quad 0\quad \cdots\quad 0\right)^{\mathrm{T}};$$

$\lambda_n=\sum_{i=1}^{n}\boldsymbol{a}_i^2$，特征向量为 $\alpha=(a_1\quad a_2\quad \cdots\quad a_n)^{\mathrm{T}}$.

2. 略.　　3. 略.　　4. 略.

第三节　相似矩阵与矩阵的对角化　实对称矩阵的对角化

A 类题

1. (1) √；　(2) √；　(3) ×；　(4) ×；　(5) √；　(6) √；　(7) ×；　(8) ×.

2. (1) 4,5,6;3；　(2) $(7,0,0)^{\mathrm{T}}$；　(3) 45.

3. (1) B；　(2) D；　(3) D；　(4) B；　(5) C.

4. (1) $a=5, b=6$；　(2) (a) $\boldsymbol{A}$ 和 $\boldsymbol{B}$ 相似；　(b) $\boldsymbol{A}$ 和 $\boldsymbol{B}$ 不相似；

(3) $\boldsymbol{A}$ 有 3 个互异的特征值 $\lambda_1=-1, \lambda_2=3, \lambda_3=\frac{1}{3}$，所以 $\boldsymbol{A}$ 相似于对角矩阵.

(4) $$\boldsymbol{P}=\begin{pmatrix}\frac{2}{\sqrt{5}} & \frac{2}{3\sqrt{5}} & -\frac{1}{3}\\ \frac{1}{\sqrt{5}} & -\frac{4}{3\sqrt{5}} & \frac{2}{3}\\ 0 & \frac{\sqrt{5}}{3} & \frac{2}{3}\end{pmatrix}.$$

B 类题

1. $\boldsymbol{T}=\begin{pmatrix}1 & 0\\ -1 & 1\end{pmatrix}$；$\begin{pmatrix}2 & 1\\ -1 & 0\end{pmatrix}^k=\begin{pmatrix}1+k & k\\ -k & 1-k\end{pmatrix}$.

2. $\begin{pmatrix}4 & 1 & 1\\ 1 & 4 & 1\\ 1 & 1 & 4\end{pmatrix}$，122688 .

3. 120.

4. (1) $a=-3, b=0$；　(2) $\lambda=-1$ 是 $\boldsymbol{A}$ 的 3 重特征值. 但是 $R(\boldsymbol{A}+\boldsymbol{E})=2$，故 $\boldsymbol{A}$ 不能对角化.

5. $\begin{pmatrix}1 & & & & \\ & 1 & & & \\ & & -1 & & \\ & & & \ddots & \\ & & & & -1\end{pmatrix}$　$25\cdot 3^{n-2}$.

C类题

1. (1) 属于0的特征向量为 $k_1\alpha_1+k_2\alpha_2$，其中 k_1,k_2 是不全为零的常数；属于3的特征向量为 $k(1,1,1)^T$，其中 k 为非零常数.

(2) $\boldsymbol{Q}=\begin{pmatrix} \frac{-1}{\sqrt{6}} & \frac{-1}{\sqrt{2}} & \frac{1}{\sqrt{3}} \\ \frac{2}{\sqrt{6}} & 0 & \frac{1}{\sqrt{3}} \\ -\frac{1}{\sqrt{6}} & \frac{1}{\sqrt{2}} & \frac{1}{\sqrt{3}} \end{pmatrix}$， $\boldsymbol{Q}^T\boldsymbol{AQ}=\boldsymbol{\Lambda}=\begin{pmatrix} 0 & & \\ & 0 & \\ & & 3 \end{pmatrix}$.　　**2.** 略.

第四节　二次型

A类题

1. (1) 3；　(2) 2；　(3) $\begin{pmatrix} 3 & -4 \\ -4 & 5 \end{pmatrix}$；　(4) 2；

(5) $x_1^2+3x_2^2+5x_3^2+4x_1x_2+6x_1x_3+8x_2x_3$；

$3x_1^2+x_3^2+2x_4^2-4x_1x_2-2x_1x_3+6x_1x_4+4x_2x_3+2x_2x_4-2x_3x_4$.

2. (1) A；　(2) D；　(3) A.

3. (1) (a) $f(x,y,z)=(x,y,z)\begin{pmatrix} 1 & -1 & -1 \\ -1 & 2 & 2 \\ -1 & 2 & 3 \end{pmatrix}\begin{pmatrix} x \\ y \\ z \end{pmatrix}$；

(b) $f(x_1,x_2,x_3,x_4)=(x_1,x_2,x_3,x_4)\begin{pmatrix} 1 & -2 & 1 & -4 \\ -2 & 3 & 3 & -1 \\ 1 & 3 & 1 & 0 \\ -4 & -1 & 0 & 5 \end{pmatrix}\begin{pmatrix} x_1 \\ x_2 \\ x_3 \\ x_4 \end{pmatrix}$.

(2) $\begin{pmatrix} 1 & \frac{3}{2} & \frac{9}{2} \\ \frac{3}{2} & 3 & \frac{3}{2} \\ \frac{9}{2} & \frac{3}{2} & 1 \end{pmatrix}$；　(3) $f(\boldsymbol{C}y)=y_1^2+y_2^2+y_3^2$，$\boldsymbol{C}=\frac{1}{\sqrt{2}}\begin{pmatrix} 1 & -1 & -1 \\ 0 & 2 & 2 \\ 0 & 0 & 1 \end{pmatrix}$（$|\boldsymbol{C}|=\frac{1}{\sqrt{2}}$）；

(4) (a) $\boldsymbol{P}=\frac{1}{3}\begin{pmatrix} 1 & 2 & 2 \\ 2 & 1 & -2 \\ 2 & -2 & 1 \end{pmatrix}$，$\boldsymbol{x}=\boldsymbol{Py}$，$f=-2y_1^2+y_2^2+4y_3^2$；

(b) $\boldsymbol{Q}=\begin{pmatrix} \frac{2}{\sqrt{5}} & \frac{1}{\sqrt{30}} & \frac{1}{\sqrt{6}} \\ 0 & \frac{5}{\sqrt{30}} & -\frac{1}{\sqrt{6}} \\ -\frac{1}{\sqrt{5}} & \frac{2}{\sqrt{30}} & \frac{2}{\sqrt{6}} \end{pmatrix}$，$\boldsymbol{x}=\boldsymbol{Qy}$，$f(y_1,y_2,y_3)=y_1^2+6y_2^2-6y_3^2$.

(c) $\boldsymbol{Q}=\begin{pmatrix} \frac{2}{\sqrt{5}} & -\frac{2}{3\sqrt{5}} & \frac{1}{3} \\ \frac{1}{\sqrt{5}} & \frac{4}{3\sqrt{5}} & -\frac{2}{3} \\ 0 & \frac{\sqrt{5}}{3} & \frac{2}{3} \end{pmatrix}$, $\boldsymbol{x}=\boldsymbol{Q}\boldsymbol{y}$，$f=9y_3^2$；

(5) $\begin{pmatrix} x \\ y \\ z \end{pmatrix}=\begin{pmatrix} 0 & \frac{4}{3\sqrt{2}} & \frac{1}{3} \\ \frac{1}{\sqrt{2}} & \frac{-1}{3\sqrt{2}} & \frac{2}{3} \\ \frac{1}{\sqrt{2}} & \frac{1}{3\sqrt{2}} & -\frac{2}{3} \end{pmatrix}\begin{pmatrix} x_1 \\ x_2 \\ x_3 \end{pmatrix}$, $2x_2^2+11x_3^2=1$；

(6) $a=2$, $\boldsymbol{p}=\begin{pmatrix} 0 & 1 & 0 \\ -\frac{1}{\sqrt{2}} & 0 & \frac{1}{\sqrt{2}} \\ \frac{1}{\sqrt{2}} & 0 & \frac{1}{\sqrt{2}} \end{pmatrix}$为所求的正交变换.

4. 略.

第五节　正定二次型

A 类题

1. (1) 可逆；　(2) 正数；　(3) 大于零；　(4) 既非正定,也非负定；

(5) 化标准形，确定正惯性指数，求特征值，求各阶主子式.

2. (1) (a)正定；　(b) 正定；　(c)正定；

(2) (a) $-\frac{4}{5}<t<0$；　(b) $t\in\left(\frac{5-\sqrt{5}}{10},\frac{5+\sqrt{5}}{10}\right)$；

(3) (a) $\begin{pmatrix} \boldsymbol{A} & \boldsymbol{O} \\ \boldsymbol{O} & \boldsymbol{B}-\boldsymbol{C}^{\mathrm{T}}\boldsymbol{A}^{-1}\boldsymbol{C} \end{pmatrix}$；　(b) $\boldsymbol{B}-\boldsymbol{C}^{\mathrm{T}}\boldsymbol{A}^{-1}\boldsymbol{C}$是正定矩阵.

3. 略

责任编辑：谌福兴　郑济飞
封面设计：唐良玉

中国地质大学出版社
ISBN 978-7-5625-4276-6
9 787562 542766 >
定价：26.00元（全2册）

线性代数

练习与提高（二）

XIANXING DAISHU LIANXI YU TIGAO

陈兴荣 刘剑锋
刘智慧 李卫峰 主编

线性代数练习与提高

XIANXING DAISHU LIANXI YU TIGAO

（二）

陈兴荣　刘剑锋　刘智慧　李卫峰　主编

图书在版编目(CIP)数据

线性代数练习与提高:全2册/陈兴荣等主编.—武汉:中国地质大学出版社,2018.7
(2021.9重印)
ISBN 978-7-5625-4276-6

Ⅰ.①线…
Ⅱ.①陈…
Ⅲ.①线性代数-高等学校-习题集
Ⅳ.①O151.2-44

中国版本图书馆CIP数据核字(2018)第105211号

线性代数练习与提高 陈兴荣 刘剑锋 刘智慧 李卫峰 **主编**

责任编辑:谌福兴 郑济飞 责任校对:徐蕾蕾

出版发行:中国地质大学出版社(武汉市洪山区鲁磨路388号) 邮政编码:430074
电 话:(027)67883511 传真:67883580 E-mail:cbb@cug.edu.cn
经 销:全国新华书店 http://cugp.cug.edu.cn

开本:787毫米×1092毫米 1/16 字数:224千字 印张:8.75
版次:2018年7月第1版 印次:2021年9月第4次印刷
印刷:武汉市珞南印务有限公司

ISBN 978-7-5625-4276-6 定价:26.00元(全2册)

前 言

为方便教师批阅和学生使用，本书分为第一分册和第二分册。

第一分册包括行列式、矩阵的初等变换与线性方程组、相似矩阵与二次型，分别对应课本的第一、三、五章。

第二分册包括矩阵及其运算、向量组的线性相关性、线性空间与线性变换，分别对应课本的第二、四、六章。

每节包括知识要点、典型例题以及练习题三个部分。练习题分为A、B、C三个层次，A类题为基础题，B类题难度稍大，C类题为有一定难度的综合题，书末附有练习题的答案与提示，供读者核对正误。

本书编写工作安排如下：陈兴荣负责前言、行列式、矩阵及其运算的编写；刘剑锋负责矩阵的初等变换与线性方程组、线性空间与线性变换的编写；刘智慧负责向量组的线性相关性的编写；李卫峰负责相似矩阵及二次型的编写。

本书既可作为高等学校理工科专业线性代数课程的教学参考书，也可以作为报考硕士研究生的复习参考资料。

希望本书对提高教学质量有所裨益，并得到广大读者的喜爱。但限于编者水平，疏漏与不足之处在所难免，恳请广大读者批评指正。

编 者

2018年5月

目　录

第一章　矩　阵

在整个线性代数中，矩阵是一个十分有用的工具，同时它在自然科学与工程技术领域也有着广泛的应用.

第一节　线性方程组和矩阵　矩阵的运算

1. 矩阵的线性运算

(1) 加法：同型矩阵 $\boldsymbol{A}=(a_{ij})_{s\times n}$，$\boldsymbol{B}=(b_{ij})_{s\times n}$，定义其加法 $\boldsymbol{A}+\boldsymbol{B}=(a_{ij}+b_{ij})_{s\times n}$.

(2) 数量乘法：数 k 与矩阵 $\boldsymbol{A}$ 的乘积定义为 $k\boldsymbol{A}=(ka_{ij})_{s\times n}$.

2. 矩阵的乘法

矩阵 $\boldsymbol{A}=(a_{ij})_{s\times n}$，$\boldsymbol{B}=(b_{ij})_{n\times m}$，$\boldsymbol{A}$ 与 $\boldsymbol{B}$ 的乘积 $\boldsymbol{AB}=(c_{ij})_{s\times m}$，其中 $c_{ij}=\sum\limits_{k=1}^{n}a_{ik}b_{kj}$，$(i=1,2,\cdots,s,j=1,2,\cdots,m)$.

矩阵乘法满足的运算律：设 $\boldsymbol{A},\boldsymbol{B},\boldsymbol{C}$ 为同型矩阵，k 为数，则

① $(\boldsymbol{AB})\boldsymbol{C}=\boldsymbol{A}(\boldsymbol{BC})$；　② $\boldsymbol{A}(\boldsymbol{B}+\boldsymbol{C})=\boldsymbol{AB}+\boldsymbol{AC}$，$(\boldsymbol{A}+\boldsymbol{B})\boldsymbol{C}=\boldsymbol{AC}+\boldsymbol{BC}$；

③ $k(\boldsymbol{AB})=(k\boldsymbol{A})\boldsymbol{B}=\boldsymbol{A}(k\boldsymbol{B})$.

注意：(1) 矩阵 $\boldsymbol{A}$ 与 $\boldsymbol{B}$ 只有当 $\boldsymbol{A}$ 的列数与 $\boldsymbol{B}$ 的行数相等时才能相乘；

(2)矩阵的运算与数的运算规律有些是相同的，但也有许多不同之处，学习时注意比较二者的差异.

3. 方阵的幂

k 个 n 阶方阵 $\boldsymbol{A}$ 连乘称为方阵 $\boldsymbol{A}$ 的 k 次幂，记为 $\boldsymbol{A}^k$，即 $\boldsymbol{A}^k=\underbrace{\boldsymbol{AA}\cdots\boldsymbol{A}}_{k}$.

4. 矩阵的转置

设 $\boldsymbol{A}=(a_{ij})_{s\times n}$，将 $\boldsymbol{A}$ 的行列互换后得到的矩阵称为 $\boldsymbol{A}$ 的转置，记为 $\boldsymbol{A}^{\mathrm{T}}$，即 $\boldsymbol{A}^{\mathrm{T}}=(a_{ji})_{n\times s}$.

矩阵的转置满足的运算律：设 $\boldsymbol{A},\boldsymbol{B}$ 为矩阵，k 为数，则

① $(\boldsymbol{A}^{\mathrm{T}})^{\mathrm{T}}=\boldsymbol{A}$；② $(\boldsymbol{A}+\boldsymbol{B})^{\mathrm{T}}=\boldsymbol{A}^{\mathrm{T}}+\boldsymbol{B}^{\mathrm{T}}$；③ $(\boldsymbol{AB})^{\mathrm{T}}=\boldsymbol{B}^{\mathrm{T}}\boldsymbol{A}^{\mathrm{T}}$；④ $(k\boldsymbol{A})^{\mathrm{T}}=k\boldsymbol{A}^{\mathrm{T}}$.

5. 方阵的行列式

由 n 阶方阵 $\boldsymbol{A}$ 的元素构成的行列式(各元素位置不变)称为方阵 $\boldsymbol{A}$ 的行列式,记为 $|\boldsymbol{A}|$.

方阵的行列式满足的运算律:设 $\boldsymbol{A},\boldsymbol{B}$ 为 n 阶方阵,k 为数,则

① $|\boldsymbol{A}^{\mathrm{T}}|=|\boldsymbol{A}|$;② $|k\boldsymbol{A}|=k^n|\boldsymbol{A}|$;③ $|\boldsymbol{AB}|=|\boldsymbol{A}||\boldsymbol{B}|$,$|\boldsymbol{A}_1\boldsymbol{A}_2\cdots\boldsymbol{A}_n|=|\boldsymbol{A}_1||\boldsymbol{A}_2|\cdots|\boldsymbol{A}_n|$.

6. 几类特殊矩阵

①零矩阵 $\boldsymbol{O}$;②单位矩阵 $\boldsymbol{E}$;③数量矩阵;④对角矩阵;

⑤上(下)三角矩阵;⑥对称矩阵($\boldsymbol{A}^{\mathrm{T}}=\boldsymbol{A}$);⑦反对称矩阵($\boldsymbol{A}^{\mathrm{T}}=-\boldsymbol{A}$).

例 1 设矩阵 $\boldsymbol{A}=\begin{pmatrix}1&-3&2\\-2&1&-1\\1&2&-1\end{pmatrix}$,$\boldsymbol{B}=\begin{pmatrix}2&5&4\\4&-2&2\\1&4&1\end{pmatrix}$计算 $4\boldsymbol{A}^2-\boldsymbol{B}^2-2\boldsymbol{BA}+2\boldsymbol{AB}$.

解:
$$\begin{aligned}4\boldsymbol{A}^2-\boldsymbol{B}^2-2\boldsymbol{BA}+2\boldsymbol{AB}&=(4\boldsymbol{A}^2-2\boldsymbol{BA})+(2\boldsymbol{AB}-\boldsymbol{B}^2)\\&=(2\boldsymbol{A}-\boldsymbol{B})2\boldsymbol{A}+(2\boldsymbol{A}-\boldsymbol{B})\boldsymbol{B}=(2\boldsymbol{A}-\boldsymbol{B})(2\boldsymbol{A}+\boldsymbol{B})\\&=\begin{pmatrix}0&-11&0\\-8&4&-4\\1&0&-3\end{pmatrix}\begin{pmatrix}4&-1&8\\0&0&0\\3&8&-1\end{pmatrix}=\begin{pmatrix}0&0&0\\-44&-24&-60\\-5&-25&11\end{pmatrix}.\end{aligned}$$

注意: 本题利用矩阵的加法和乘法可直接运算,但计算量较大.这里利用乘法对加法的分配律先化简,再代入计算.矩阵的运算与数的计算不同的地方是矩阵的乘法对加法的分配律有两种:左分配律和右分配律,因矩阵没有乘法交换律,所以左分配律和右分配律是有区别的,于是提取公因子不能颠倒相乘矩阵的左右次序.总之,在类似的矩阵运算中,应注意矩阵运算与数的运算的区别.

例 2 n 阶矩阵 $\boldsymbol{A},\boldsymbol{B}$ 满足 $\boldsymbol{A}^2=\boldsymbol{A},\boldsymbol{B}^2=\boldsymbol{B},(\boldsymbol{A}+\boldsymbol{B})^2=\boldsymbol{A}+\boldsymbol{B}$,试证 $\boldsymbol{AB}=\boldsymbol{O}$.

证明: 由 $(\boldsymbol{A}+\boldsymbol{B})^2=\boldsymbol{A}+\boldsymbol{B}$ 得 $\boldsymbol{A}^2+\boldsymbol{AB}+\boldsymbol{BA}+\boldsymbol{B}^2=\boldsymbol{A}+\boldsymbol{B}$,又 $\boldsymbol{A}^2=\boldsymbol{A},\boldsymbol{B}^2=\boldsymbol{B}$,所以 $\boldsymbol{AB}+\boldsymbol{BA}=\boldsymbol{O}$.

用 $\boldsymbol{A}$ 分别左乘、右乘 $\boldsymbol{AB}+\boldsymbol{BA}=\boldsymbol{O}$ 等式两边,并利用 $\boldsymbol{A}^2=\boldsymbol{A}$ 得 $\boldsymbol{AB}+\boldsymbol{ABA}=\boldsymbol{O}$,$\boldsymbol{ABA}+\boldsymbol{BA}=\boldsymbol{O}$,两式相减得 $\boldsymbol{AB}=\boldsymbol{BA}$,再利用 $\boldsymbol{AB}+\boldsymbol{BA}=\boldsymbol{O}$,所以 $\boldsymbol{AB}=\boldsymbol{O}$.

注意: 在矩阵运算中,$\boldsymbol{AB}$ 不一定等于 $\boldsymbol{BA}$,若两者相等,则称 $\boldsymbol{A}$ 与 $\boldsymbol{B}$ 可交换.

例 3 设 4 阶方阵 $\boldsymbol{A}=(\boldsymbol{\alpha},\boldsymbol{\gamma}_2,\boldsymbol{\gamma}_3,\boldsymbol{\gamma}_4)$,$\boldsymbol{B}=(\boldsymbol{\beta},\boldsymbol{\gamma}_2,\boldsymbol{\gamma}_3,\boldsymbol{\gamma}_4)$,其中 $\boldsymbol{\alpha},\boldsymbol{\beta},\boldsymbol{\gamma}_2,\boldsymbol{\gamma}_3,\boldsymbol{\gamma}_4$ 均为 4 维列向量,且 $|\boldsymbol{A}|=4$,$|\boldsymbol{B}|=1$,计算 $|\boldsymbol{A}+\boldsymbol{B}|$.

解: 当行列式的运算和矩阵的运算交织在一起时,需格外注意正确应用它们的性质.

$$\begin{aligned}|\boldsymbol{A}+\boldsymbol{B}|&=|\boldsymbol{\alpha}+\boldsymbol{\beta},2\boldsymbol{\gamma}_2,2\boldsymbol{\gamma}_3,2\boldsymbol{\gamma}_4|=2^3|\boldsymbol{\alpha},\boldsymbol{\gamma}_2,\boldsymbol{\gamma}_3,\boldsymbol{\gamma}_4|+2^3|\boldsymbol{\beta},\boldsymbol{\gamma}_2,\boldsymbol{\gamma}_3,\boldsymbol{\gamma}_4|\\&=8(|\boldsymbol{A}|+|\boldsymbol{B}|)=40.\end{aligned}$$

例 4　已知 $\boldsymbol{\alpha}=(1,2,3)$，$\boldsymbol{\beta}=\left(1,\frac{1}{2},\frac{1}{3}\right)$，$\boldsymbol{A}=\boldsymbol{\alpha}^{\mathrm{T}}\boldsymbol{\beta}$，其中 $\boldsymbol{\alpha}^{\mathrm{T}}$ 是 $\boldsymbol{\alpha}$ 的转置，计算 $\boldsymbol{A}^n$.

解：本题的关键是利用矩阵乘法的结合律，并注意到 $\boldsymbol{\alpha}^{\mathrm{T}}\boldsymbol{\beta}$ 是矩阵，而 $\boldsymbol{\beta}\boldsymbol{\alpha}^{\mathrm{T}}$ 是数.

$$\begin{aligned}\boldsymbol{A}^n &= (\boldsymbol{\alpha}^{\mathrm{T}}\boldsymbol{\beta})(\boldsymbol{\alpha}^{\mathrm{T}}\boldsymbol{\beta})\cdots(\boldsymbol{\alpha}^{\mathrm{T}}\boldsymbol{\beta})=\boldsymbol{\alpha}^{\mathrm{T}}(\boldsymbol{\beta}\boldsymbol{\alpha}^{\mathrm{T}})(\boldsymbol{\beta}\boldsymbol{\alpha}^{\mathrm{T}})\cdots(\boldsymbol{\beta}\boldsymbol{\alpha}^{\mathrm{T}})\boldsymbol{\beta}\\ &=3^{n-1}\boldsymbol{\alpha}^{\mathrm{T}}\boldsymbol{\beta}=3^{n-1}\begin{pmatrix}1 & \frac{1}{2} & \frac{1}{3}\\ 2 & 1 & \frac{2}{3}\\ 3 & \frac{3}{2} & 1\end{pmatrix}.\end{aligned}$$

例 5　设 $\boldsymbol{A}=\begin{pmatrix}\lambda & 1 & 0\\ 0 & \lambda & 1\\ 0 & 0 & \lambda\end{pmatrix}$，计算 $\boldsymbol{A}^n$.

解：
$$\begin{aligned}\boldsymbol{A}^n &= \begin{pmatrix}\lambda & 1 & 0\\ 0 & \lambda & 1\\ 0 & 0 & \lambda\end{pmatrix}^n = \left[\lambda\boldsymbol{E}+\begin{pmatrix}0 & 1 & 0\\ 0 & 0 & 1\\ 0 & 0 & 0\end{pmatrix}\right]^n = \sum_{i=0}^{n} C_n^i\,(\lambda\boldsymbol{E})^{n-i}\begin{pmatrix}0 & 1 & 0\\ 0 & 0 & 1\\ 0 & 0 & 0\end{pmatrix}^i\\ &= (\lambda\boldsymbol{E})^n + n\,(\lambda\boldsymbol{E})^{n-1}\begin{pmatrix}0 & 1 & 0\\ 0 & 0 & 1\\ 0 & 0 & 0\end{pmatrix}+\frac{n(n-1)}{2}(\lambda\boldsymbol{E})^{n-2}\begin{pmatrix}0 & 1 & 0\\ 0 & 0 & 1\\ 0 & 0 & 0\end{pmatrix}^2\\ &= \begin{pmatrix}\lambda^n & n\lambda^{n-1} & \frac{n(n-1)}{2}\lambda^{n-2}\\ 0 & \lambda^n & n\lambda^{n-1}\\ 0 & 0 & \lambda^n\end{pmatrix}.\end{aligned}$$

例 6　试证：如果 $\boldsymbol{A}$ 是实对称矩阵且 $\boldsymbol{A}^2=\boldsymbol{O}$，那么 $\boldsymbol{A}=\boldsymbol{O}$.

证明：设实对称矩阵

$$\boldsymbol{A}=\begin{pmatrix}a_{11} & a_{12} & \cdots & a_{1n}\\ a_{12} & a_{22} & \cdots & a_{2n}\\ \vdots & \vdots & & \vdots\\ a_{1n} & a_{2n} & \cdots & a_{nn}\end{pmatrix},$$

$\boldsymbol{A}^2=\boldsymbol{O}$，即

$$\begin{pmatrix}a_{11}^2+a_{12}^2+\cdots+a_{1n}^2 & * & \cdots & *\\ * & a_{12}^2+a_{22}^2+\cdots+a_{2n}^2 & \cdots & *\\ \vdots & \vdots & & \vdots\\ * & * & \cdots & a_{1n}^2+a_{2n}^2+\cdots+a_{nn}^2\end{pmatrix}=\boldsymbol{O}$$

于是 $a_{i1}^2+a_{i2}^2+\cdots+a_{in}^2=0\,(i=1,2,\cdots,n)$，即 $a_{ij}=0\,(i,j=1,2,\cdots,n)$，所以 $\boldsymbol{A}=\boldsymbol{O}$.

A类题

1. 判断题

(1) 设 $\boldsymbol{A},\boldsymbol{B}$ 为 n 阶方阵,则 $(\boldsymbol{A}+\boldsymbol{B})^2=\boldsymbol{A}^2+2\boldsymbol{AB}+\boldsymbol{B}^2$. (　　)

(2) $\boldsymbol{A},\boldsymbol{B}$ 为 n 阶阵,且 $\boldsymbol{A}^{\mathrm{T}}=\boldsymbol{A},\boldsymbol{B}^{\mathrm{T}}=-\boldsymbol{B}$, 则 $(\boldsymbol{AB}-\boldsymbol{BA})^{\mathrm{T}}=\boldsymbol{AB}-\boldsymbol{BA}$. (　　)

(3) 设 $\boldsymbol{A}$ 为 n 阶方阵,则 $|2\boldsymbol{A}|=2|\boldsymbol{A}|$. (　　)

(4) 设 $\boldsymbol{A},\boldsymbol{B}$ 为 n 阶方阵,已知 $\boldsymbol{AB}=\boldsymbol{O}$ 则 $\boldsymbol{A}=\boldsymbol{O}$ 或 $\boldsymbol{B}=\boldsymbol{O}$. (　　)

(5) 设 $\boldsymbol{A},\boldsymbol{B}$ 为 n 阶方阵,已知 $\boldsymbol{A}\neq\boldsymbol{B}$,则 $2|\boldsymbol{A}|\neq|\boldsymbol{B}|$. (　　)

2. 填空题

(1) 设 $\boldsymbol{A}=(2,3,5),\boldsymbol{B}=(-1,-1,-1)$ 则 $\boldsymbol{AB}^{\mathrm{T}}=$______, $\boldsymbol{A}^{\mathrm{T}}\boldsymbol{B}=$______.

(2) 设 $\boldsymbol{A}=\begin{pmatrix}2&2\\-5&-5\end{pmatrix}$, $\boldsymbol{B}=\begin{pmatrix}1&-\frac{1}{5}\\-1&\frac{1}{5}\end{pmatrix}$,则 $\boldsymbol{AB}=$______, $\boldsymbol{BA}=$______.

(3) $\boldsymbol{A}=\begin{pmatrix}1&2&-1&1\\0&-2&2&4\\4&-6&8&0\end{pmatrix}$, $\boldsymbol{B}=\begin{pmatrix}25\\10\\30\\0\end{pmatrix}$, $\boldsymbol{C}=\begin{pmatrix}40\\0\\30\\5\end{pmatrix}$,则 $\boldsymbol{AB}=$______, $\boldsymbol{AC}=$______.

(4) 若 $\boldsymbol{\alpha}=(1,2,5),\boldsymbol{\beta}=\left(1,\frac{1}{2},\frac{1}{5}\right),\boldsymbol{A}=\boldsymbol{\alpha}^{\mathrm{T}}\boldsymbol{\beta}$,则 $\boldsymbol{A}^n=$______.

(5) 设 $\boldsymbol{A}$ 为 n 阶方阵,且 $|\boldsymbol{A}|=5$,则 $\left||\boldsymbol{A}|\boldsymbol{A}^{\mathrm{T}}\right|=$______.

3. 选择题

(1) 设 $\boldsymbol{A}$ 是 $m\times n$ 矩阵,$\boldsymbol{B}$ 是 $n\times p$ 矩阵,$\boldsymbol{C}$ 是 $p\times m$ 矩阵,则下列运算不可行的是(　).

(A) $\boldsymbol{C}+(\boldsymbol{AB})^{\mathrm{T}}$　(B) $\boldsymbol{ABC}$　(C) $(\boldsymbol{BC})^{\mathrm{T}}-\boldsymbol{A}$　(D) $\boldsymbol{C}^{\mathrm{T}}\boldsymbol{A}$

(2) 设 $\boldsymbol{A}$ 是 $m\times n$ 矩阵,$\boldsymbol{B}$ 是 $n\times m$ 矩阵$(m\neq n)$,则下列运算结果是 n 阶方阵的是(　　).

(A) $\boldsymbol{AB}$　(B) $\boldsymbol{A}^{\mathrm{T}}\boldsymbol{B}^{\mathrm{T}}$　(C) $\boldsymbol{B}^{\mathrm{T}}\boldsymbol{A}^{\mathrm{T}}$　(D) $(\boldsymbol{AB})^{\mathrm{T}}$

(3) 设 $\boldsymbol{A},\boldsymbol{B}$ 为 n 阶方阵,满足关系 $\boldsymbol{AB}=\boldsymbol{O}$,则必有(　　).

(A) $\boldsymbol{A}=\boldsymbol{B}=\boldsymbol{O}$　(B) $\boldsymbol{A}+\boldsymbol{B}=\boldsymbol{O}$

(C) $|\boldsymbol{A}|=0$ 或 $|\boldsymbol{B}|=0$　(D) $|\boldsymbol{A}|+|\boldsymbol{B}|=0$

(4) 设 $\boldsymbol{A}$ 是 n 阶$(n\geqslant 3)$方阵,$\boldsymbol{A}^*$ 是其伴随矩阵,k 为常数,$k\neq 0$,则$(k\boldsymbol{A})^*=$(　　).

(A) $k\boldsymbol{A}^*$　(B) $k^{n-1}\boldsymbol{A}^*$　(C) $k^n\boldsymbol{A}^*$　(D) $k^{-1}\boldsymbol{A}^*$

(5) 设 $\boldsymbol{A}$ 为 n 阶方阵,且 $|\boldsymbol{A}|=a\neq 0$,则 $|\boldsymbol{A}^*|=$(　　).

(A) a　(B) $\frac{1}{a}$　(C) a^{n-1}　(D) a^n

4. 计算题

(1) 设 $\boldsymbol{A}=\begin{pmatrix}1 & 2 & -1\\ 2 & 3 & 5\end{pmatrix}$,求 $\boldsymbol{AA}^{\mathrm{T}}$ 和 $\boldsymbol{A}^{\mathrm{T}}\boldsymbol{A}$.

(2) 设 $\boldsymbol{A}=\begin{pmatrix}1 & -1 & 1\\ -1 & 1 & 1\\ 1 & 1 & 1\end{pmatrix}$, $\boldsymbol{B}=\begin{pmatrix}1 & 3 & 5\\ -1 & -2 & 4\\ 0 & 2 & 1\end{pmatrix}$, 求 $3\boldsymbol{AB}-2\boldsymbol{A}$.

B 类题

1. 计算题

(1) 若矩阵 $\boldsymbol{A}$,$\boldsymbol{B}$ 满足 $\boldsymbol{AB}=\boldsymbol{BA}$,则称矩阵 $\boldsymbol{A}$ 和 $\boldsymbol{B}$ 可交换.求所有与 $\boldsymbol{J}=\begin{pmatrix}0 & 0 & 0\\ 1 & 0 & 0\\ 0 & 1 & 0\end{pmatrix}$ 可交换的三阶矩阵.

(2) $\boldsymbol{A}=\begin{pmatrix}1 & 1\\ 0 & 1\end{pmatrix}$,求 $\boldsymbol{A}^k$.

2. 证明题

(1) 设 $\boldsymbol{A}$ 为 n 阶方阵，$\boldsymbol{B}=\frac{1}{2}(\boldsymbol{A}+\boldsymbol{E})$，试证 $\boldsymbol{B}^2=\boldsymbol{B}$ 的充分必要条件是 $\boldsymbol{A}^2=\boldsymbol{E}$.

(2) 已知 $\boldsymbol{A}=\begin{pmatrix} a_1b_1 & a_1b_2 & a_1b_3 \\ a_2b_1 & a_2b_2 & a_2b_3 \\ a_3b_1 & a_3b_2 & a_3b_3 \end{pmatrix}$，试证 $\boldsymbol{A}^2=l\boldsymbol{A}$，并求 l.

C类题

1. 设 $\boldsymbol{A}=\begin{pmatrix} 1 & 2 & 3 \\ 1 & 3 & 5 \\ 0 & 1 & 1 \end{pmatrix}$，$\boldsymbol{B}=\begin{pmatrix} 1 & 0 & 0 \\ 1 & 2 & 0 \\ 2 & 3 & 5 \end{pmatrix}$，问：

(1) $\boldsymbol{AB}=\boldsymbol{BA}$ 吗？

(2) $(\boldsymbol{A}+\boldsymbol{B})^2=\boldsymbol{A}^2+2\boldsymbol{AB}+\boldsymbol{B}^2$ 吗？

(3) $(\boldsymbol{A}+\boldsymbol{B})(\boldsymbol{A}-\boldsymbol{B})=\boldsymbol{A}^2-\boldsymbol{B}^2$ 吗？

2．举反例说明下列命题是错误的：

(1) 若 $\boldsymbol{A}^2=\boldsymbol{O}$,则 $\boldsymbol{A}=\boldsymbol{O}$;

(2) 若 $\boldsymbol{A}^2=\boldsymbol{A}$,则 $\boldsymbol{A}=\boldsymbol{O}$ 或 $\boldsymbol{A}=\boldsymbol{E}$;

(3) 若 $\boldsymbol{AX}=\boldsymbol{AY}$,且 $\boldsymbol{A}\neq\boldsymbol{O}$,则 $\boldsymbol{X}=\boldsymbol{Y}$.

第二节　逆矩阵　克拉默法则

1．逆矩阵的定义

$\boldsymbol{A}$ 是 n 阶方阵,若存在 n 阶方阵 $\boldsymbol{B}$,使得 $\boldsymbol{AB}=\boldsymbol{BA}=\boldsymbol{E}$,则称 $\boldsymbol{A}$ 是可逆的,又称 $\boldsymbol{B}$ 是 $\boldsymbol{A}$ 的逆矩阵,记作 $\boldsymbol{A}^{-1}=\boldsymbol{B}$,且若 $\boldsymbol{A}$ 为 n 阶可逆矩阵,则它的逆矩阵是惟一的.

2．逆矩阵的性质

设 $\boldsymbol{A},\boldsymbol{B}$ 为同阶可逆矩阵,则

(1) $(\boldsymbol{A}^{-1})^{-1}=\boldsymbol{A}$; (2)若 $k\neq0$,则 $k\boldsymbol{A}$ 可逆,且 $(k\boldsymbol{A})^{-1}=\dfrac{1}{k}\boldsymbol{A}^{-1}$;

(3) $\boldsymbol{A}^{\mathrm{T}}$ 可逆,且 $(\boldsymbol{A}^{\mathrm{T}})^{-1}=(\boldsymbol{A}^{-1})^{\mathrm{T}}$; (4) $\boldsymbol{AB}$ 可逆,且 $(\boldsymbol{AB})^{-1}=\boldsymbol{B}^{-1}\boldsymbol{A}^{-1}$;

(5) $\boldsymbol{A}^*$ 可逆,且 $(\boldsymbol{A}^*)^{-1}=(\boldsymbol{A}^{-1})^*$; (6) $|\boldsymbol{A}^{-1}|=|\boldsymbol{A}|^{-1}$.

3．矩阵可逆的条件

(1) 对 n 阶方阵 $\boldsymbol{A}$,若存在 n 阶方阵 $\boldsymbol{B}$,使 $\boldsymbol{AB}=\boldsymbol{E}$(或 $\boldsymbol{BA}=\boldsymbol{E}$),则 $\boldsymbol{A}$ 可逆,且 $\boldsymbol{A}^{-1}=\boldsymbol{B}$;

(2) n 阶方阵 $\boldsymbol{A}$ 可逆的充分必要条件是 $|\boldsymbol{A}|\neq0$,(当 $|\boldsymbol{A}|\neq0$ 时,称 $\boldsymbol{A}$ 为非奇异矩阵或满秩矩阵,当 $|\boldsymbol{A}|=0$ 时,称 $\boldsymbol{A}$ 为奇异矩阵或降秩矩阵).

4．计算逆矩阵的方法——伴随矩阵法

$\boldsymbol{A}^{-1}=\dfrac{\boldsymbol{A}^*}{|\boldsymbol{A}|}$,其中 $\boldsymbol{A}^*$ 是 $\boldsymbol{A}$ 的伴随矩阵,$\boldsymbol{A}^*=\begin{pmatrix} A_{11} & A_{21} & \cdots & A_{n1} \\ A_{12} & A_{22} & \cdots & A_{n2} \\ \vdots & \vdots & & \vdots \\ A_{1n} & A_{2n} & \cdots & A_{nn} \end{pmatrix}$,$A_{ij}$ 是元素 a_{ij} 的代

数余子式.

5. 克拉默法则

含有 n 个方程、n 个未知数的线性方程组 $\begin{cases} a_{11}x_1+a_{12}x_2+\cdots+a_{1n}x_n=b_1, \\ a_{21}x_1+a_{22}x_2+\cdots+a_{2n}x_n=b_2, \\ \cdots\cdots\cdots\cdots\cdots\cdots \quad \vdots \\ a_{n1}x_1+a_{n2}x_2+\cdots+a_{nn}x_n=b_n \end{cases}$

(1) 如果系数矩阵 $\boldsymbol{A}=\begin{pmatrix} a_{11} & a_{12} & \cdots & a_{1n} \\ a_{21} & a_{22} & \cdots & a_{2n} \\ \vdots & \vdots & & \vdots \\ a_{n1} & a_{n2} & \cdots & a_{nn} \end{pmatrix}$ 的行列式 $|\boldsymbol{A}|\neq 0$,则方程组有惟一解,

$$x_1=\frac{|\boldsymbol{A}_1|}{|\boldsymbol{A}|},\ x_2=\frac{|\boldsymbol{A}_2|}{|\boldsymbol{A}|},\ \cdots,\ x_n=\frac{|\boldsymbol{A}_n|}{|\boldsymbol{A}|}$$

其中 $\boldsymbol{A}_j$ 是将矩阵 $\boldsymbol{A}$ 中第 j 列换成方程组的常数项 $b_1,b_2,\cdots,b_n$ 所成的矩阵,即

$$\boldsymbol{A}_j=\begin{pmatrix} a_{11} & \cdots & a_{1,j-1} & b_1 & a_{1,j+1} & \cdots & a_{1n} \\ a_{21} & \cdots & a_{2,j-1} & b_2 & a_{2,j+1} & \cdots & a_{2n} \\ \vdots & & \vdots & \vdots & \vdots & & \vdots \\ a_{n1} & \cdots & a_{n,j-1} & b_n & a_{n,j+1} & \cdots & a_{nn} \end{pmatrix},\ j=1,2,\cdots,n$$

(2) 当 $b_1,b_2,\cdots b_n$ 全为零时称为齐次线性方程组,若齐次线性方程组的系数矩阵的行列式 $|\boldsymbol{A}|\neq 0$,那么它只有零解;如果它有非零解,则必有 $|\boldsymbol{A}|=0$.

典型例题

例 1 矩阵 $\boldsymbol{A}$ 的伴随矩阵 $\boldsymbol{A}^*=\begin{pmatrix} 1 & 0 & 0 & 0 \\ 0 & 1 & 0 & 0 \\ 1 & 0 & 1 & 0 \\ 0 & -3 & 0 & 8 \end{pmatrix}$,且满足 $\boldsymbol{ABA}^{-1}=\boldsymbol{BA}^{-1}+3\boldsymbol{E}$,求矩阵 $\boldsymbol{B}$.

解: 由 $\boldsymbol{AA}^*=|\boldsymbol{A}|\boldsymbol{E}$ 得 $|\boldsymbol{A}|=2$,所以 $\boldsymbol{A}$ 可逆. 在方程 $\boldsymbol{ABA}^{-1}=\boldsymbol{BA}^{-1}+3\boldsymbol{E}$ 两边左乘 $\boldsymbol{A}^{-1}$,右乘 $\boldsymbol{A}$ 得 $\boldsymbol{B}=\boldsymbol{A}^{-1}\boldsymbol{B}+3\boldsymbol{E}$,即 $(\boldsymbol{E}-\boldsymbol{A}^{-1})\boldsymbol{B}=3\boldsymbol{E}$,所以

$$\begin{aligned} \boldsymbol{B} &= 3(\boldsymbol{E}-\boldsymbol{A}^{-1})^{-1} \\ &= 3\left(\boldsymbol{E}-\frac{\boldsymbol{A}^*}{|\boldsymbol{A}|}\right)^{-1} \\ &= 6(2\boldsymbol{E}-\boldsymbol{A}^*)^{-1} \\ &= \begin{pmatrix} 6 & 0 & 0 & 0 \\ 0 & 6 & 0 & 0 \\ 6 & 0 & 6 & 0 \\ 0 & 3 & 0 & -1 \end{pmatrix}. \end{aligned}$$

例 2 已知 n 阶矩阵 $\boldsymbol{A}=\begin{pmatrix} 2 & 2 & 2 & \cdots & 2 \\ 0 & 1 & 1 & \cdots & 1 \\ 0 & 0 & 1 & \cdots & 1 \\ \vdots & \vdots & \vdots & & \vdots \\ 0 & 0 & 0 & \cdots & 1 \end{pmatrix}$，求 $\boldsymbol{A}$ 中所有元素的代数余子式之和 $\sum\limits_{i,j=1}^{n} A_{ij}$.

解：显然直接求各元素的代数余子式，再求和比较麻烦，需找其他方法. 由于 $|\boldsymbol{A}|=2\neq 0$，所以 $\boldsymbol{A}$ 可逆，且

$$\boldsymbol{A}^{-1}=\begin{pmatrix} \frac{1}{2} & -1 & 0 & \cdots & 0 & 0 \\ 0 & 1 & -1 & \cdots & 0 & 0 \\ \vdots & \vdots & \vdots & & \vdots & \vdots \\ 0 & 0 & 0 & \cdots & 1 & -1 \\ 0 & 0 & 0 & \cdots & 0 & 1 \end{pmatrix}$$

由 $\boldsymbol{A}^{*}=|\boldsymbol{A}|\boldsymbol{A}^{-1}$ 得

$$\sum_{i,j=1}^{n} A_{ij}=2\left[\frac{1}{2}+(n-1)\times(-1)+(n-1)\right]=1.$$

例 3 设 $\boldsymbol{A}$ 为 n 阶非零实矩阵，$\boldsymbol{A}^{*}$ 是 $\boldsymbol{A}$ 的伴随矩阵，$\boldsymbol{A}^{\mathrm{T}}$ 是 $\boldsymbol{A}$ 的转置矩阵，若 $\boldsymbol{A}^{*}=\boldsymbol{A}^{\mathrm{T}}$，试证 $|\boldsymbol{A}|\neq 0$.

证明：由 $\boldsymbol{A}^{*}=\boldsymbol{A}^{\mathrm{T}}$ 知 $A_{ij}=a_{ij}$，即 a_{ij} 的代数余子式仍为 a_{ij}，再利用行列式按某行展开得

$$|\boldsymbol{A}|=a_{i1}A_{i1}+a_{i2}A_{i2}+\cdots+a_{in}A_{in}=a_{i1}^{2}+a_{i2}^{2}+\cdots+a_{in}^{2}$$

又因 $\boldsymbol{A}\neq\boldsymbol{O}$，所以 $|\boldsymbol{A}|>0$，即有 $|\boldsymbol{A}|\neq 0$.

例 4 设方阵 $\boldsymbol{A}$ 满足 $\boldsymbol{A}^{2}-\boldsymbol{A}-2\boldsymbol{E}=\boldsymbol{O}$，试证：

(1) $\boldsymbol{A}$ 和 $\boldsymbol{E}-\boldsymbol{A}$ 都是可逆矩阵，并求它们的逆矩阵；

(2) $\boldsymbol{A}+\boldsymbol{E}$ 和 $\boldsymbol{A}-2\boldsymbol{E}$ 不可能同时为可逆矩阵.

证明：(1) 由 $\boldsymbol{A}^{2}-\boldsymbol{A}-2\boldsymbol{E}=\boldsymbol{O}$ 得 $\boldsymbol{A}^{2}-\boldsymbol{A}=2\boldsymbol{E}$，即 $\frac{1}{2}\boldsymbol{A}(\boldsymbol{A}-\boldsymbol{E})=\boldsymbol{E}$，因此 $\boldsymbol{A}$ 和 $\boldsymbol{E}-\boldsymbol{A}$ 都是可逆矩阵，且 $\boldsymbol{A}^{-1}=\frac{1}{2}(\boldsymbol{A}-\boldsymbol{E})$，$(\boldsymbol{E}-\boldsymbol{A})^{-1}=-\frac{1}{2}\boldsymbol{A}$.

(2) 由 $\boldsymbol{A}^{2}-\boldsymbol{A}-2\boldsymbol{E}=\boldsymbol{O}$ 得 $(\boldsymbol{A}-2\boldsymbol{E})(\boldsymbol{A}+\boldsymbol{E})=\boldsymbol{O}$，若 $\boldsymbol{A}-2\boldsymbol{E}$ 可逆，则有 $\boldsymbol{A}+\boldsymbol{E}=\boldsymbol{O}$，即 $\boldsymbol{A}+\boldsymbol{E}$ 不可逆. 同理可证，若 $\boldsymbol{A}+\boldsymbol{E}$ 可逆，则 $\boldsymbol{A}-2\boldsymbol{E}$ 不可逆，所以 $\boldsymbol{A}+\boldsymbol{E}$ 和 $\boldsymbol{A}-2\boldsymbol{E}$ 不可能同时可逆.

例 5 解方程组 $\begin{cases} x_1+x_2+x_3+x_4=1, \\ 2x_1+3x_2+4x_3+5x_4=2, \\ 4x_1+9x_2+16x_3+25x_4=4, \\ 8x_1+27x_2+64x_3+125x_4=8. \end{cases}$

解:系数行列式是范德蒙德行列式

$$|A| = \begin{vmatrix} 1 & 1 & 1 & 1 \\ 2 & 3 & 4 & 5 \\ 4 & 9 & 16 & 25 \\ 8 & 27 & 64 & 125 \end{vmatrix}$$

$$= (3-2)(4-2)(5-2)(4-3)(5-3)(5-4) = 12,$$

而$|A_1|=|A|$,$|A_2|=|A_3|=|A_4|=0$,所以方程组的解为 $x_1=1$,$x_2=x_3=x_4=0$.

A 类题

1. 判断题

(1) 方阵 A 可逆的充要条件是$|A|\neq 0$. (　　)

(2) 可逆的对称矩阵的逆矩阵,仍为对称矩阵. (　　)

(3) 设方阵 A 可逆,则对任意实数 λ,λA 均可逆. (　　)

(4) $A^{T}A=E$,则必有$|A|=1$. (　　)

2. 填空题

(1) $\begin{pmatrix} \cos\theta & -\sin\theta \\ \sin\theta & \cos\theta \end{pmatrix}^{-1} =$ ________.

(2) 设 A 为 n 阶方阵,且$|A|=5$,则$|AA^{*}|=$ ________.

(3) $A=\begin{pmatrix} 3 & 0 & 0 \\ 1 & 5 & 0 \\ 0 & 0 & 3 \end{pmatrix}$,则$(A-2E)^{-1}=$ ________.

(4) 设 $A=\begin{pmatrix} 1 & 0 & 0 \\ 2 & 3 & 0 \\ 3 & 4 & 5 \end{pmatrix}$ 则$(A^{*})^{-1}=$ ________.

(5) 设矩阵 $A=\begin{pmatrix} 1 & 1 \\ -1 & 3 \end{pmatrix}$,矩阵 B 满足 $BA=B+4E$,则 $B=$ ________,$|B|=$ ________.

(6) 设齐次线性方程组$\begin{cases} \lambda x_1 + x_2 + x_3 = 0 \\ x_1 + \lambda x_2 + x_3 = 0 \\ x_1 + x_2 + x_3 = 0 \end{cases}$只有零解,则 λ 满足条件 ________.

3. 选择题

(1) 设 n 阶方阵 A,B,C 满足关系式 $ABC=E$,则必有(　　).

(A) $ACB=E$　　(B) $CBA=E$　　(C) $BAC=E$　　(D) $BCA=E$

(2) 设 $\boldsymbol{A},\boldsymbol{B}$ 均为 n 阶方阵,下列结论正确的是(　　).

(A) 若 $\boldsymbol{A},\boldsymbol{B}$ 均可逆,则 $\boldsymbol{A}+\boldsymbol{B}$ 可逆　　(B) 若 $\boldsymbol{A},\boldsymbol{B}$ 均可逆,则 $\boldsymbol{AB}$ 可逆

(C) 若 $\boldsymbol{A}+\boldsymbol{B}$ 可逆,则 $\boldsymbol{A}-\boldsymbol{B}$ 可逆　　(D) 若 $\boldsymbol{A}+\boldsymbol{B}$ 可逆,则 $\boldsymbol{A},\boldsymbol{B}$ 可逆

(3) 若由 $\boldsymbol{AB}=\boldsymbol{AC}$ 必能推出 $\boldsymbol{B}=\boldsymbol{C}$,其中 $\boldsymbol{A},\boldsymbol{B},\boldsymbol{C}$ 为同阶方阵,则 $\boldsymbol{A}$ 应满足条件(　).

(A) $\boldsymbol{A}\neq\boldsymbol{O}$　　(B) $\boldsymbol{A}=\boldsymbol{O}$　　(C) $|\boldsymbol{A}|=0$　　(D) $|\boldsymbol{A}|\neq 0$

(4) 设 $\boldsymbol{A},\boldsymbol{B},\boldsymbol{A}+\boldsymbol{B},\boldsymbol{A}^{-1}+\boldsymbol{B}^{-1}$ 均为 n 阶可逆矩阵,则 $(\boldsymbol{A}^{-1}+\boldsymbol{B}^{-1})^{-1}$ 等于(　　).

(A) $\boldsymbol{A}^{-1}+\boldsymbol{B}^{-1}$　　(B) $\boldsymbol{A}+\boldsymbol{B}$

(C) $\boldsymbol{A}(\boldsymbol{A}+\boldsymbol{B})^{-1}\boldsymbol{B}$　　(D) $(\boldsymbol{A}+\boldsymbol{B})^{-1}$

4. 计算下列各题

(1) 解矩阵方程 $\begin{pmatrix}1 & 3\\ 2 & 5\end{pmatrix}\boldsymbol{X}=\begin{pmatrix}1 & 2\\ 5 & 8\end{pmatrix}$.

(2) 用克拉默法则解方程组 $\begin{cases} x_1+x_2+x_3+x_4=5,\\ x_1+2x_2-x_3+4x_4=-2,\\ 2x_1-3x_2-x_3-5x_4=-2,\\ 3x_1+x_2+2x_3+11x_4=0.\end{cases}$

B类题

1. 计算题

(1) 设矩阵 $\boldsymbol{A}=\begin{pmatrix}2&0&1\\0&3&0\\1&0&1\end{pmatrix}$,矩阵 $\boldsymbol{X}$ 满足 $\boldsymbol{AX}+\boldsymbol{E}=\boldsymbol{A}^2+\boldsymbol{X}$,求 $\boldsymbol{X}$.

(2) 设 $\boldsymbol{AB}=\boldsymbol{A}+2\boldsymbol{B}$,其中 $\boldsymbol{A}=\begin{pmatrix}4&2&3\\1&1&0\\-1&2&3\end{pmatrix}$,求 $\boldsymbol{B}$.

2. 设 n 阶方阵 $\boldsymbol{A}$ 满足 $(\boldsymbol{A}+\boldsymbol{E})^3=\boldsymbol{O}$,证明矩阵 $\boldsymbol{A}$ 可逆,并写出 $\boldsymbol{A}$ 的逆矩阵的表达式.

第三节 矩阵分块法

1. 分块矩阵的概念

将矩阵 $\boldsymbol{A}$ 用若干横线和竖线分成很多小矩阵(称为 $\boldsymbol{A}$ 的子块),以子块为元素的矩阵称为分块矩阵.分块矩阵的运算规则与普通矩阵的运算规则类似.

2. 分块矩阵的运算

(1)加法.对同型矩阵 $\boldsymbol{A}=(a_{ij})_{m\times n}$,$\boldsymbol{B}=(b_{ij})_{m\times n}$ 用相同的方法进行分块为 $\boldsymbol{A}=(\boldsymbol{A}_{ij})_{s\times t}$,$\boldsymbol{B}=(\boldsymbol{B}_{ij})_{s\times t}$,其中 $\boldsymbol{A}_{ij}$,$\boldsymbol{B}_{ij}$ 为同型矩阵,则 $\boldsymbol{A}+\boldsymbol{B}=(\boldsymbol{A}_{ij}+\boldsymbol{B}_{ij})_{s\times t}$.

(2) 数乘.将矩阵 $\boldsymbol{A}=(a_{ij})_{m\times n}$ 分块为 $\boldsymbol{A}=(\boldsymbol{A}_{ij})_{s\times t}$,则 $k\boldsymbol{A}=(k\boldsymbol{A}_{ij})_{s\times t}$.

(3) 乘法.矩阵 $\boldsymbol{A}=(a_{ij})_{m\times n}$,$\boldsymbol{B}=(b_{ij})_{n\times l}$ 分别分块为 $\boldsymbol{A}=(\boldsymbol{A}_{ij})_{s\times t}$,$\boldsymbol{B}=(\boldsymbol{B}_{ij})_{t\times r}$,其中 $\boldsymbol{A}_{ij}$ 是 $m_i\times n_j$ 矩阵,$\boldsymbol{B}_{ij}$ 是 $n_i\times l_j$ 矩阵,则 $\boldsymbol{C}=\boldsymbol{A}\boldsymbol{B}=(\boldsymbol{C}_{ij})_{s\times r}$,其中 $\boldsymbol{C}_{ij}=\boldsymbol{A}_{i1}\boldsymbol{B}_{1j}+\boldsymbol{A}_{i2}\boldsymbol{B}_{2j}+\cdots+\boldsymbol{A}_{it}\boldsymbol{B}_{tj}$,$(i=1,2,\cdots,s,j=1,2,\cdots,r)$.

(4) 转置.将矩阵 $\boldsymbol{A}=(a_{ij})_{m\times n}$ 分块为 $\boldsymbol{A}=(\boldsymbol{A}_{ij})_{s\times t}$,则 $\boldsymbol{A}^{\mathrm{T}}=(\boldsymbol{A}_{ji}^{\mathrm{T}})_{t\times s}$.

3. 分块对角矩阵

$$\boldsymbol{A}=\begin{pmatrix}\boldsymbol{A}_1 & & & \\ & \boldsymbol{A}_2 & & \\ & & \ddots & \\ & & & \boldsymbol{A}_s\end{pmatrix},\text{其中 } \boldsymbol{A}_i \text{ 为 } n_i \text{ 阶方阵}(i=1,2,\cdots,s),$$

(1) $|\boldsymbol{A}|=|\boldsymbol{A}_1||\boldsymbol{A}_2|\cdots|\boldsymbol{A}_s|$;

(2) 若 $|\boldsymbol{A}_i|\neq 0$,则 $|\boldsymbol{A}|\neq 0$,于是 $\boldsymbol{A}$ 可逆,且 $\boldsymbol{A}^{-1}=\begin{pmatrix}\boldsymbol{A}_1^{-1} & & & \\ & \boldsymbol{A}_2^{-1} & & \\ & & \ddots & \\ & & & \boldsymbol{A}_s^{-1}\end{pmatrix}$.

典型例题

例 1 设 $\boldsymbol{A}=\begin{pmatrix}3 & 4 & 0 & 0\\ 4 & -3 & 0 & 0\\ 0 & 0 & 2 & 0\\ 0 & 0 & 2 & 2\end{pmatrix}$,求 $|\boldsymbol{A}^8|$、$\boldsymbol{A}^4$ 及 $\boldsymbol{A}^{-1}$.

解: 设 $\boldsymbol{A}_1=\begin{pmatrix}3 & 4\\ 4 & -3\end{pmatrix}$,$\boldsymbol{A}_2=\begin{pmatrix}2 & 0\\ 2 & 2\end{pmatrix}$,则 $\boldsymbol{A}=\begin{pmatrix}\boldsymbol{A}_1 & \boldsymbol{O}\\ \boldsymbol{O} & \boldsymbol{A}_2\end{pmatrix}$.

$$|\boldsymbol{A}^8| = |\boldsymbol{A}|^8 = (|\boldsymbol{A}_1||\boldsymbol{A}_2|)^8 = 10^{16};$$

$$\boldsymbol{A}^4=\begin{pmatrix}\boldsymbol{A}_1^4 & \boldsymbol{O}\\ \boldsymbol{O} & \boldsymbol{A}_2^4\end{pmatrix},\ \boldsymbol{A}_1^4=\begin{pmatrix}5^4 & 0\\ 0 & 5^4\end{pmatrix},\ \boldsymbol{A}_2^4=\begin{pmatrix}2^4 & 0\\ 2^6 & 2^4\end{pmatrix},\ \boldsymbol{A}^4=\begin{pmatrix}5^4 & 0 & 0 & 0\\ 0 & 5^4 & 0 & 0\\ 0 & 0 & 2^4 & 0\\ 0 & 0 & 2^6 & 2^4\end{pmatrix};$$

$$\boldsymbol{A}_1^{-1}=\frac{1}{25}\begin{pmatrix}3 & 4\\ 4 & -3\end{pmatrix},\boldsymbol{A}_2^{-1}=\frac{1}{4}\begin{pmatrix}2 & 0\\ -2 & 2\end{pmatrix},\boldsymbol{A}^{-1}=\begin{pmatrix}\boldsymbol{A}_1^{-1} & \boldsymbol{O}\\ \boldsymbol{O} & \boldsymbol{A}_2^{-1}\end{pmatrix}=\begin{pmatrix}\frac{3}{25} & \frac{4}{25} & 0 & 0\\ \frac{4}{25} & -\frac{3}{25} & 0 & 0\\ 0 & 0 & \frac{1}{2} & 0\\ 0 & 0 & -\frac{1}{2} & \frac{1}{2}\end{pmatrix}.$$

例 2 设 $\boldsymbol{X}=\begin{pmatrix}0 & a_1 & 0 & \cdots & 0 & 0\\ 0 & 0 & a_2 & \cdots & 0 & 0\\ \vdots & \vdots & \vdots & & \vdots & \vdots\\ 0 & 0 & 0 & \cdots & 0 & a_{n-1}\\ a_n & 0 & 0 & \cdots & 0 & 0\end{pmatrix}$,其 $a_i\neq 0(i=1,2,\cdots,n)$,求 $\boldsymbol{X}^{-1}$.

解: 利用分块矩阵求逆矩阵

$$\boldsymbol{X}^{-1}=\left(\begin{array}{c|ccccc}0 & a_1 & 0 & \cdots & 0 & 0\\ 0 & 0 & a_2 & \cdots & 0 & 0\\ \vdots & \vdots & \vdots & & \vdots & \vdots\\ 0 & 0 & 0 & \cdots & 0 & a_{n-1}\\ \hline a_n & 0 & 0 & \cdots & 0 & 0\end{array}\right)^{-1}=\begin{pmatrix}\boldsymbol{O} & \boldsymbol{A}_1\\ a_n & \boldsymbol{O}\end{pmatrix}^{-1}=\begin{pmatrix}\boldsymbol{O} & a_n^{-1}\\ \boldsymbol{A}_1^{-1} & \boldsymbol{O}\end{pmatrix},$$

又 $\boldsymbol{A}_1^{-1}=\begin{pmatrix}a_1 & 0 & \cdots & 0\\ 0 & a_2 & \cdots & 0\\ \vdots & \vdots & & \vdots\\ 0 & 0 & \cdots & a_{n-1}\end{pmatrix}^{-1}=\begin{pmatrix}a_1^{-1} & 0 & \cdots & 0\\ 0 & a_2^{-1} & \cdots & 0\\ \vdots & \vdots & & \vdots\\ 0 & 0 & \cdots & a_{n-1}^{-1}\end{pmatrix}$,

所以 $\boldsymbol{X}^{-1}=\begin{pmatrix}\boldsymbol{O} & \boldsymbol{A}_1\\ a_n & \boldsymbol{O}\end{pmatrix}^{-1}=\begin{pmatrix}0 & 0 & \cdots & 0 & 0 & a_n^{-1}\\ a_1^{-1} & 0 & \cdots & 0 & 0 & 0\\ \vdots & \vdots & & \vdots & \vdots & \vdots\\ 0 & 0 & \cdots & a_{n-2}^{-1} & 0 & 0\\ 0 & 0 & \cdots & 0 & a_{n-1}^{-1} & 0\end{pmatrix}$.

1．填空题

（1）已知分块对角矩阵 $\boldsymbol{B}=\begin{pmatrix}\boldsymbol{A}_1 & & & \\ & \boldsymbol{A}_2 & & \\ & & \ddots & \\ & & & \boldsymbol{A}_S\end{pmatrix}$，$\boldsymbol{A}_i$（$i=1,2,\cdots s$）均可逆，则 $|\boldsymbol{B}|=$____________，$\boldsymbol{B}^{-1}=$____________.

（2）设 $\boldsymbol{A}$ 为 m 阶方阵，$\boldsymbol{B}$ 为 n 阶方阵，$|\boldsymbol{A}|=a$，$|\boldsymbol{B}|=b$，$\boldsymbol{C}=\begin{pmatrix}\boldsymbol{O} & \boldsymbol{A}\\ \boldsymbol{B} & \boldsymbol{O}\end{pmatrix}$，则 $|\boldsymbol{C}|=$____________.

2．选择题

（1）设 $\boldsymbol{A},\boldsymbol{B}$ 均为 n 阶可逆矩阵，则 $\left|-2\begin{pmatrix}\boldsymbol{A}^{\mathrm{T}} & \boldsymbol{O}\\ \boldsymbol{O} & \boldsymbol{B}^{-1}\end{pmatrix}\right|=$（　　）.

(A) $(-2)^n|\boldsymbol{A}||\boldsymbol{B}^{\mathrm{T}}|$　　(B) $(-2)|\boldsymbol{A}^{\mathrm{T}}||\boldsymbol{B}|$

(C) $(-2)|\boldsymbol{A}||\boldsymbol{B}^{-1}|$　　(D) $(-2)^{2n}|\boldsymbol{A}||\boldsymbol{B}|^{-1}$

（2）已知 $\boldsymbol{A},\boldsymbol{B}$ 均为可逆方阵，则 $\begin{pmatrix}\boldsymbol{O} & \boldsymbol{B}\\ \boldsymbol{A} & \boldsymbol{O}\end{pmatrix}^{-1}=$（　　）.

(A) $\begin{pmatrix}\boldsymbol{O} & \boldsymbol{B}^{-1}\\ \boldsymbol{A}^{-1} & \boldsymbol{O}\end{pmatrix}$　　(B) $\begin{pmatrix}\boldsymbol{A}^{-1} & \boldsymbol{O}\\ \boldsymbol{O} & \boldsymbol{B}^{-1}\end{pmatrix}$

(C) $\begin{pmatrix}\boldsymbol{O} & \boldsymbol{A}^{-1}\\ \boldsymbol{B}^{-1} & \boldsymbol{O}\end{pmatrix}$　　(D) $\begin{pmatrix}\boldsymbol{B}^{-1} & \boldsymbol{O}\\ \boldsymbol{O} & \boldsymbol{A}^{-1}\end{pmatrix}$

3．解答题

（1）设 $\boldsymbol{A}=\begin{pmatrix}0 & 0 & 5 & 2\\ 0 & 0 & 2 & 1\\ 1 & -2 & 0 & 0\\ 1 & 1 & 0 & 0\end{pmatrix}$，利用分块矩阵计算 $\boldsymbol{A}^{-1}$.

(2) 设 $\boldsymbol{A},\boldsymbol{B}$ 均可逆,证明分块矩阵 $\begin{pmatrix}\boldsymbol{A} & \boldsymbol{C}\\ \boldsymbol{O} & \boldsymbol{B}\end{pmatrix}$ 也可逆,且

$$\begin{pmatrix}\boldsymbol{A} & \boldsymbol{C}\\ \boldsymbol{O} & \boldsymbol{B}\end{pmatrix}^{-1}=\begin{pmatrix}\boldsymbol{A}^{-1} & -\boldsymbol{A}^{-1}\boldsymbol{C}\boldsymbol{B}^{-1}\\ \boldsymbol{O} & \boldsymbol{B}^{-1}\end{pmatrix}.$$

第二章 向量组的线性相关性

向量组的线性相关性是线性代数中的重要概念,有着非常重要的意义,是解决其他问题的重要理论依据.

第一节 向量组及其线性组合 向量组的线性相关性

1. 定义

(1)线性组合:设向量组 $\boldsymbol{A}:\boldsymbol{\alpha}_1,\boldsymbol{\alpha}_2,\cdots,\boldsymbol{\alpha}_m,k_1,k_2,\cdots,k_m$ 为一组数,则向量 $k_1\boldsymbol{\alpha}_1+k_2\boldsymbol{\alpha}_2+\cdots+k_m\boldsymbol{\alpha}_m$ 称为向量组 $\boldsymbol{A}$ 的一个线性组合.

(2) 线性表示:若向量 $\boldsymbol{\beta}$ 能表示成向量组 $\boldsymbol{A}:\boldsymbol{\alpha}_1,\boldsymbol{\alpha}_2,\cdots,\boldsymbol{\alpha}_m$ 的线性组合,则称向量 $\boldsymbol{\beta}$ 可由向量组 $\boldsymbol{A}$ 线性表示,记作 $\boldsymbol{\beta}=k_1\boldsymbol{\alpha}_1+k_2\boldsymbol{\alpha}_2+\cdots k_m\boldsymbol{\alpha}_m$.

(3) 向量组等价:设有两个向量组 $\boldsymbol{A}:\boldsymbol{\alpha}_1,\boldsymbol{\alpha}_2,\cdots,\boldsymbol{\alpha}_m$ 及 $\boldsymbol{B}:\boldsymbol{\beta}_1,\boldsymbol{\beta}_2,\cdots,\boldsymbol{\beta}_l$,若向量组 $\boldsymbol{A}$ 中每个向量能由向量组 $\boldsymbol{B}$ 线性表示,且向量组 $\boldsymbol{B}$ 中每个向量能由向量组 $\boldsymbol{A}$ 线性表示,则称这两个向量组等价.

(4) 线性相关:设有向量组 $\boldsymbol{A}:\boldsymbol{\alpha}_1,\boldsymbol{\alpha}_2,\cdots,\boldsymbol{\alpha}_m$,若存在一组不全为零的数 $k_1,k_2,\cdots,k_m$,使得 $k_1\boldsymbol{\alpha}_1+k_2\boldsymbol{\alpha}_2+\cdots k_m\boldsymbol{\alpha}_m=0$,则称向量组 $\boldsymbol{A}$ 线性相关.

(5) 线性无关:若 $k_1\boldsymbol{\alpha}_1+k_2\boldsymbol{\alpha}_2+\cdots k_m\boldsymbol{\alpha}_m=0$,则 $k_1,k_2,\cdots,k_m$ 必全为零,则称向量组 $\boldsymbol{A}$ 线性无关.

2. 重要结论

(1) 向量 $\boldsymbol{\beta}$ 能由向量组 $\boldsymbol{A}:\boldsymbol{\alpha}_1,\boldsymbol{\alpha}_2,\cdots,\boldsymbol{\alpha}_m$ 线性表示$\Leftrightarrow R(\boldsymbol{A})=R(\boldsymbol{A},\boldsymbol{\beta})$.

(2) 向量组 $\boldsymbol{B}:\boldsymbol{\beta}_1,\boldsymbol{\beta}_2,\cdots,\boldsymbol{\beta}_l$ 能由向量组 $\boldsymbol{A}:\boldsymbol{\alpha}_1,\boldsymbol{\alpha}_2,\cdots,\boldsymbol{\alpha}_m$ 线性表示$\Leftrightarrow R(\boldsymbol{A})=R(\boldsymbol{A},\boldsymbol{B})$.

(3) 向量组 $\boldsymbol{A}:\boldsymbol{\alpha}_1,\boldsymbol{\alpha}_2,\cdots,\boldsymbol{\alpha}_m$ 与向量组 $\boldsymbol{B}:\boldsymbol{\beta}_1,\boldsymbol{\beta}_2,\cdots,\boldsymbol{\beta}_l$ 等价$\Leftrightarrow R(\boldsymbol{A})=R(\boldsymbol{B})=R(\boldsymbol{A},\boldsymbol{B})$.

(4) 向量组 $\boldsymbol{B}:\boldsymbol{\beta}_1,\boldsymbol{\beta}_2,\cdots,\boldsymbol{\beta}_l$ 能由向量组 $\boldsymbol{A}:\boldsymbol{\alpha}_1,\boldsymbol{\alpha}_2,\cdots,\boldsymbol{\alpha}_m$ 线性表示$\Leftrightarrow R(\boldsymbol{B})\leqslant R(\boldsymbol{A})$

(5) 一个向量 $\boldsymbol{\alpha}$ 线性相关$\Leftrightarrow\boldsymbol{\alpha}$ 是零向量. 一个向量 $\boldsymbol{\alpha}$ 线性无关$\Leftrightarrow\boldsymbol{\alpha}$ 是非零向量.

(6) 两个向量线性相关$\Leftrightarrow$对应分量成比例.

(7) 向量个数与维数的关系:向量组所含向量的个数大于向量的维数时,向量组必线性相关.

(8) 部分向量与整体向量的关系:如果向量组中部分向量线性相关,则该向量组必线性相关.如果向量组线性无关,则它的任一部分向量组也线性无关.

(9) 分量增多与减少的关系:设向量组 $\boldsymbol{A}:\boldsymbol{\alpha}_1,\boldsymbol{\alpha}_2,\cdots,\boldsymbol{\alpha}_k$,向量组 $\boldsymbol{B}:\boldsymbol{\beta}_1,\boldsymbol{\beta}_2,\cdots,\boldsymbol{\beta}_k$,其中

$$\boldsymbol{\alpha}_i=\begin{pmatrix}a_{1i}\\ \vdots\\ a_{ri}\end{pmatrix},\ \boldsymbol{\beta}_i=\begin{pmatrix}a_{1i}\\ \vdots\\ a_{ri}\\ \vdots\\ a_{ni}\end{pmatrix},\ i=1,2,\cdots,k.$$

若 $\boldsymbol{A}$ 向量组线性无关,则 $\boldsymbol{B}$ 向量组也线性无关;若 $\boldsymbol{B}$ 向量组线性相关,则 $\boldsymbol{A}$ 向量组也线性相关.(即线性无关组的"增多"组仍线性无关,线性相关组的"减少"组仍线性相关).

(10) 向量组 $\boldsymbol{\alpha}_1,\boldsymbol{\alpha}_2,\cdots,\boldsymbol{\alpha}_m$ 线性相关$\Leftrightarrow\boldsymbol{\alpha}_1,\boldsymbol{\alpha}_2,\cdots,\boldsymbol{\alpha}_m$ 中至少有一个向量可以由其余 $m-1$个向量线性表示.

(11) 若向量组 $\boldsymbol{\alpha}_1,\boldsymbol{\alpha}_2,\cdots,\boldsymbol{\alpha}_r$线性无关,而向量组 $\boldsymbol{\alpha}_1,\boldsymbol{\alpha}_2,\cdots,\boldsymbol{\alpha}_r,\boldsymbol{\alpha}$ 线性相关,则 $\boldsymbol{\alpha}$ 可由向量组 $\boldsymbol{\alpha}_1,\boldsymbol{\alpha}_2,\cdots,\boldsymbol{\alpha}_r$线性表示,且表示惟一.

(12) 向量组 $\boldsymbol{A}:\boldsymbol{\alpha}_1,\boldsymbol{\alpha}_2,\cdots,\boldsymbol{\alpha}_m$ 线性相关$\Leftrightarrow R(\boldsymbol{A})<m$.

(13) 向量组 $\boldsymbol{A}:\boldsymbol{\alpha}_1,\boldsymbol{\alpha}_2,\cdots,\boldsymbol{\alpha}_m$ 线性无关$\Leftrightarrow R(\boldsymbol{A})=m$.

典型例题

例 1 设 $\boldsymbol{\beta}_1=\boldsymbol{\alpha}_1,\boldsymbol{\beta}_2=\boldsymbol{\alpha}_1+\boldsymbol{\alpha}_2,\cdots,\boldsymbol{\beta}_r=\boldsymbol{\alpha}_1+\boldsymbol{\alpha}_2+\cdots+\boldsymbol{\alpha}_r$,且向量组 $\boldsymbol{\alpha}_1,\boldsymbol{\alpha}_2,\cdots,\boldsymbol{\alpha}_r$ 线性无关,证明向量组 $\boldsymbol{\beta}_1,\boldsymbol{\beta}_2,\cdots,\boldsymbol{\beta}_r$ 线性无关.

分析:证明向量组线性相关性,通常有定义法、反证法、秩方法、行列式法.下面我们针对不同的方法给出例 1 的证明.

解法一 定义法

建立表达式 $k_1\boldsymbol{\beta}_1+k_2\boldsymbol{\beta}_2+\cdots k_r\boldsymbol{\beta}_r=0$.(*)

我们将通过向量组 $\boldsymbol{\alpha}_1,\boldsymbol{\alpha}_2,\cdots,\boldsymbol{\alpha}_r$ 线性无关,证明 $k_i=0(i=1,2,\cdots,r)$.

将 $\boldsymbol{\beta}_1,\boldsymbol{\beta}_2,\cdots,\boldsymbol{\beta}_r$ 的表达式代入(*),整理得

$$(k_1+k_2+\cdots k_r)\boldsymbol{\alpha}_1+(k_2+\cdots k_r)\boldsymbol{\alpha}_2+\cdots k_r\boldsymbol{\alpha}_r=0$$

由于 $\boldsymbol{\alpha}_1,\boldsymbol{\alpha}_2,\cdots,\boldsymbol{\alpha}_r$ 线性无关,所以

$$\begin{cases}k_1+k_2+\cdots+k_r=0,\\ \qquad k_2+\cdots+k_r=0,\\ \qquad\qquad \cdots\cdots,\\ \qquad\qquad k_r=0.\end{cases}$$

显然,此方程组仅有零解,即 $k_1=k_2=\cdots=k_r=0$,所以由向量组线性无关定义知,向量组 $\boldsymbol{\beta}_1,\boldsymbol{\beta}_2,\cdots,\boldsymbol{\beta}_r$ 线性无关.

解法二 反证法

假设向量组 $\boldsymbol{\beta}_1,\boldsymbol{\beta}_2,\cdots,\boldsymbol{\beta}_r$ 线性相关，则 $R(\boldsymbol{\beta}_1,\boldsymbol{\beta}_2,\cdots,\boldsymbol{\beta}_r)<r$.

由已知条件可知，$\boldsymbol{\alpha}_1=\boldsymbol{\beta}_1,\boldsymbol{\alpha}_2=\boldsymbol{\beta}_2-\boldsymbol{\beta}_1,\boldsymbol{\alpha}_3=\boldsymbol{\beta}_3-\boldsymbol{\beta}_2\cdots,\boldsymbol{\alpha}_r=\boldsymbol{\beta}_r-\boldsymbol{\beta}_{r-1}$，即向量组 $\boldsymbol{\alpha}_1,\boldsymbol{\alpha}_2,\cdots,\boldsymbol{\alpha}_r$ 可由向量组 $\boldsymbol{\beta}_1,\boldsymbol{\beta}_2,\cdots,\boldsymbol{\beta}_r$ 线性表示.

故 $R(\boldsymbol{\alpha}_1,\boldsymbol{\alpha}_2,\cdots,\boldsymbol{\alpha}_r)\leqslant R(\boldsymbol{\beta}_1,\boldsymbol{\beta}_2,\cdots,\boldsymbol{\beta}_r)<r$，从而 $\boldsymbol{\alpha}_1,\boldsymbol{\alpha}_2,\cdots,\boldsymbol{\alpha}_r$ 线性相关，这与已知矛盾，故向量组 $\boldsymbol{\beta}_1,\boldsymbol{\beta}_2,\cdots,\boldsymbol{\beta}_r$ 线性无关.

解法三　秩方法

由于 $\boldsymbol{\alpha}_1,\boldsymbol{\alpha}_2,\cdots,\boldsymbol{\alpha}_r$ 线性无关，故 $R(\boldsymbol{\alpha}_1,\boldsymbol{\alpha}_2,\cdots,\boldsymbol{\alpha}_r)=r$

$$(\boldsymbol{\beta}_1,\boldsymbol{\beta}_2,\cdots,\boldsymbol{\beta}_r)=(\boldsymbol{\alpha}_1,\boldsymbol{\alpha}_1+\boldsymbol{\alpha}_2,\cdots,\boldsymbol{\alpha}_1+\boldsymbol{\alpha}_2+\cdots+\boldsymbol{\alpha}_r)\overset{c}{\sim}(\boldsymbol{\alpha}_1,\boldsymbol{\alpha}_2,\cdots,\boldsymbol{\alpha}_r)$$

所以 $R(\boldsymbol{\beta}_1,\boldsymbol{\beta}_2,\cdots,\boldsymbol{\beta}_r)=r$

由此说明向量组 $\boldsymbol{\beta}_1,\boldsymbol{\beta}_2,\cdots,\boldsymbol{\beta}_r$ 线性无关.

解法四　行列式法

因为此向量组为抽象的，无法判断向量组的个数与向量的维数. 所以，此题不能用行列式法.

例 2　设矩阵 $\boldsymbol{A}=\begin{pmatrix}k&1&1\\1&k&1\\1&1&k\end{pmatrix}$，且 $R(\boldsymbol{A})=2$，求 k.

分析：本题是一个关于矩阵秩的问题，已知 $\boldsymbol{A}$ 是 3×3 的方阵，且 $R(\boldsymbol{A})=2$，这说明该矩阵行列式为零，利用该条件我们可以得到 k 的值.

解：因为 $R(\boldsymbol{A})=2$，所以 $|\boldsymbol{A}|=0$，而

$$|\boldsymbol{A}|=\begin{vmatrix}k&1&1\\1&k&1\\1&1&k\end{vmatrix}=(k+2)(k-1)^2$$

由 $|\boldsymbol{A}|=0$ 有 $k=2$ 或 $k=1$，当 $k=1$ 时，$R(\boldsymbol{A})=1$ 与已知 $R(\boldsymbol{A})=2$ 矛盾，故 $k=-2$.

练习题

A 类题

1. 判断题

(1) 如果一个向量可以由某个向量组线性表示，则表示式惟一.　(　　)

(2) 任何一个 3 维列向量都可以由 3 阶单位矩阵的列向量组线性表示.　(　　)

(3) 向量组 $\boldsymbol{\alpha}_1,\boldsymbol{\alpha}_2\cdots,\boldsymbol{\alpha}_n$ 线性相关，则 $\boldsymbol{\alpha}_n$ 必可由 $\boldsymbol{\alpha}_1,\boldsymbol{\alpha}_2\cdots,\boldsymbol{\alpha}_{n-1}$ 线性表示.　(　　)

2. 填空题

(1) 已知向量 $\boldsymbol{\alpha}_1=(1,2,-1,1),\boldsymbol{\alpha}_2=(3,-2,2,3)$，则 $\boldsymbol{\alpha}_3=(5,2,0,5)$ 可由 $\boldsymbol{\alpha}_1,\boldsymbol{\alpha}_2$ 线性表示为____________________.

(2) 已知向量组 $\boldsymbol{\alpha}_1=(1,0,3)$，$\boldsymbol{\alpha}_2=(4,4,3)$，$\boldsymbol{\alpha}_3=(1,5,t)$线性相关，则 $t=$________.

(3) 向量组 $\boldsymbol{\alpha}_1=(0,0,0)^T$，$\boldsymbol{\alpha}_2=(3,5,7)^T$，$\boldsymbol{\alpha}_3=(1,0,0)^T$ 线性________________.

(4) 向量组 $\boldsymbol{\alpha}_1=(1,5,7)^T$，$\boldsymbol{\alpha}_2=(-1,4,1)^T$，$\boldsymbol{\alpha}_3=(2,0,9)^T$ 线性______________.

(5) 若向量组 $\boldsymbol{\alpha}_1,\boldsymbol{\alpha}_2,\boldsymbol{\alpha}_3$ 线性相关，则向量组 $\boldsymbol{\alpha}_1+\boldsymbol{\alpha}_2,\boldsymbol{\alpha}_2+\boldsymbol{\alpha}_3,\boldsymbol{\alpha}_3+\boldsymbol{\alpha}_1$ 线性________.

(6) 设向量组$(2,1,1,1)$，$(2,1,a,a)$，$(3,2,1,a)$，$(4,3,2,1)$线性相关，且 $a\neq1$，则 $a=$____________.

(7) 设向量组 $\boldsymbol{\alpha}_1=(a,0,c)$，$\boldsymbol{\alpha}_2=(b,c,0)$，$\boldsymbol{\alpha}_3=(0,a,b)$线性无关，则 a,b,c 必满足关系式________________.

(8) 若向量组 $\boldsymbol{\alpha}_1=\begin{pmatrix}3\\0\\0\end{pmatrix}$，$\boldsymbol{\alpha}_2=\begin{pmatrix}5\\5\\0\end{pmatrix}$，$\boldsymbol{\alpha}_3=\begin{pmatrix}a\\b\\c\end{pmatrix}$线性相关，则 $c=$________________.

3. 选择题

(1) 已知 $\boldsymbol{\alpha}_1=\begin{pmatrix}8\\0\\0\end{pmatrix}$，$\boldsymbol{\alpha}_2=\begin{pmatrix}0\\0\\-5\end{pmatrix}$，当 $\boldsymbol{\beta}=($　　　　$)$时，$\boldsymbol{\beta}$ 是 $\boldsymbol{\alpha}_1,\boldsymbol{\alpha}_2$ 的线性组合.

(A) $\begin{pmatrix}-3\\0\\4\end{pmatrix}$　　(B) $\begin{pmatrix}0\\1\\0\end{pmatrix}$　　(C) $\begin{pmatrix}1\\1\\0\end{pmatrix}$　　(D) $\begin{pmatrix}0\\-1\\1\end{pmatrix}$

(2) 设向量组 $\boldsymbol{\alpha}_1,\boldsymbol{\alpha}_2,\boldsymbol{\alpha}_3$ 线性无关，向量 $\boldsymbol{\beta}_1$ 可以由 $\boldsymbol{\alpha}_1,\boldsymbol{\alpha}_2,\boldsymbol{\alpha}_3$ 线性表示，而向量 $\boldsymbol{\beta}_2$ 不能由 $\boldsymbol{\alpha}_1,\boldsymbol{\alpha}_2,\boldsymbol{\alpha}_3$ 线性表示，则对任意常数 k，必有(　　).

(A) $\boldsymbol{\alpha}_1,\boldsymbol{\alpha}_2,\boldsymbol{\alpha}_3,k\boldsymbol{\beta}_1+\boldsymbol{\beta}_2$ 线性无关　　(B) $\boldsymbol{\alpha}_1,\boldsymbol{\alpha}_2,\boldsymbol{\alpha}_3,k\boldsymbol{\beta}_1+\boldsymbol{\beta}_2$ 线性相关

(C) $\boldsymbol{\alpha}_1,\boldsymbol{\alpha}_2,\boldsymbol{\alpha}_3,\boldsymbol{\beta}_1+k\boldsymbol{\beta}_2$ 线性无关　　(D) $\boldsymbol{\alpha}_1,\boldsymbol{\alpha}_2,\boldsymbol{\alpha}_3,\boldsymbol{\beta}_1+k\boldsymbol{\beta}_2$ 线性相关

(3) 设有两个 n 维向量组 $\boldsymbol{\alpha}_1,\boldsymbol{\alpha}_2,\cdots,\boldsymbol{\alpha}_s$、$\boldsymbol{\beta}_1,\boldsymbol{\beta}_2,\cdots,\boldsymbol{\beta}_s$，若存在两组不全为零的数 $k_1,k_2,\cdots,k_s$；$\lambda_1,\lambda_2,\cdots,\lambda_s$，使$(k_1+\lambda_1)\boldsymbol{\alpha}_1+\cdots+(k_s+\lambda_s)\boldsymbol{\alpha}_s+(k_1-\lambda_1)\boldsymbol{\beta}_1+\cdots+(k_s-\lambda_s)\boldsymbol{\beta}_s=\mathbf{0}$；则(　　).

(A) $\boldsymbol{\alpha}_1+\boldsymbol{\beta}_1,\cdots,\boldsymbol{\alpha}_s+\boldsymbol{\beta}_s,\boldsymbol{\alpha}_1-\boldsymbol{\beta}_1,\cdots,\boldsymbol{\alpha}_s-\boldsymbol{\beta}_s$ 线性相关

(B) $\boldsymbol{\alpha}_1,\boldsymbol{\alpha}_2,\cdots,\boldsymbol{\alpha}_s$、$\boldsymbol{\beta}_1,\boldsymbol{\beta}_2,\cdots,\boldsymbol{\beta}_s$ 均线性无关

(C) $\boldsymbol{\alpha}_1,\boldsymbol{\alpha}_2,\cdots,\boldsymbol{\alpha}_s$、$\boldsymbol{\beta}_1,\boldsymbol{\beta}_2,\cdots,\boldsymbol{\beta}_s$ 均线性相关

(D) $\boldsymbol{\alpha}_1+\boldsymbol{\beta}_1,\cdots,\boldsymbol{\alpha}_s+\boldsymbol{\beta}_s,\boldsymbol{\alpha}_1-\boldsymbol{\beta}_1,\cdots,\boldsymbol{\alpha}_s-\boldsymbol{\beta}_s$ 线性无关

(4) 设有两个 n 维向量组 $\boldsymbol{\alpha}_1,\boldsymbol{\alpha}_2,\cdots,\boldsymbol{\alpha}_m$ 和 $\boldsymbol{\beta}_1,\boldsymbol{\beta}_2,\cdots,\boldsymbol{\beta}_m$ 均线性无关，则向量组 $\boldsymbol{\alpha}_1+\boldsymbol{\beta}_1,\boldsymbol{\alpha}_2+\boldsymbol{\beta}_2,\cdots,\boldsymbol{\alpha}_m+\boldsymbol{\beta}_m$(　　).

(A) 线性相关　　(B) 线性无关

(C)可能线性相关也可能线性无关　　(D) 既不线性相关，也不线性无关

(5) 设有向量组 $\boldsymbol{A}$：$\boldsymbol{\alpha}_1,\boldsymbol{\alpha}_2,\cdots,\boldsymbol{\alpha}_s$ 与 $\boldsymbol{B}$：$\boldsymbol{\beta}_1,\boldsymbol{\beta}_2,\cdots,\boldsymbol{\beta}_t$ 均线性无关，且向量组 $\boldsymbol{A}$ 中的每个向量都不能由向量组 $\boldsymbol{B}$ 线性表示，同时向量组 $\boldsymbol{B}$ 中的每个向量也不能由向量组 $\boldsymbol{A}$ 线性表

示，则向量组 $\boldsymbol{\alpha}_1,\boldsymbol{\alpha}_2,\cdots,\boldsymbol{\alpha}_s,\boldsymbol{\beta}_1,\boldsymbol{\beta}_2,\cdots,\boldsymbol{\beta}_t$ 的线性相关性为（　　）.

(A)线性相关　　(B) 线性无关

(C)可能线性相关也可能线性无关　　(D) 既不线性相关，也不线性无关

(6) 设向量组Ⅰ：$\boldsymbol{\alpha}_1,\boldsymbol{\alpha}_2,\cdots,\boldsymbol{\alpha}_r$ 可由向量组Ⅱ：$\boldsymbol{\beta}_1,\boldsymbol{\beta}_2,\cdots,\boldsymbol{\beta}_s$ 线性表示，则（　　）.

(A) 当 $r<s$ 时，向量组Ⅱ必线性相关

(B) 当 $r>s$ 时，向量组Ⅱ必线性相关

(C) 当 $r<s$ 时，向量组Ⅰ必线性相关

(D) 当 $r>s$ 时，向量组Ⅰ必线性相关

(7) 设 $\boldsymbol{A},\boldsymbol{B}$ 为满足 $\boldsymbol{AB}=\boldsymbol{O}$ 的任意两个非零矩阵，则必有（　　）.

(A) $\boldsymbol{A}$ 的列向量组线性相关，$\boldsymbol{B}$ 的行向量组线性相关

(B) $\boldsymbol{A}$ 的列向量组线性相关，$\boldsymbol{B}$ 的列向量组线性相关

(C) $\boldsymbol{A}$ 的行向量组线性相关，$\boldsymbol{B}$ 的行向量组线性相关

(D) $\boldsymbol{A}$ 的行向量组线性相关，$\boldsymbol{B}$ 的列向量组线性相关

4. 计算题

(1) 判别下列向量组的线性相关性.

(a) (1,1,3),(2,5,7),(4,10,7),(3,3,9);

(b) (1,0,1,5),(2,1,0,11),(3,−6,3,17).

(2) 矩阵 $\boldsymbol{A}=\begin{pmatrix}1&3&-3\\2&2&1\\3&1&3\end{pmatrix}$，$\boldsymbol{\alpha}=\begin{pmatrix}a\\1\\1\end{pmatrix}$，已知 $\boldsymbol{A\alpha}$ 与 $\boldsymbol{\alpha}$ 线性相关，求常数 a.

B 类题

1. 证明题

(1) 设向量 $\boldsymbol{\alpha}_1,\boldsymbol{\alpha}_2,\boldsymbol{\alpha}_3$ 线性无关,令 $\boldsymbol{\beta}_1=\boldsymbol{\alpha}_1+\boldsymbol{\alpha}_2,\boldsymbol{\beta}_2=\boldsymbol{\alpha}_2+\boldsymbol{\alpha}_3,\boldsymbol{\beta}_3=\boldsymbol{\alpha}_3+\boldsymbol{\alpha}_1$,证明:向量 $\boldsymbol{\beta}_1,\boldsymbol{\beta}_2,\boldsymbol{\beta}_3$ 线性无关.

(2) 已知 $\boldsymbol{a}_1,\boldsymbol{a}_2,\cdots,\boldsymbol{a}_r$ 线性无关,且 $\boldsymbol{b}_1=\boldsymbol{a}_1,\boldsymbol{b}_2=\boldsymbol{a}_1+\boldsymbol{a}_2,\cdots,\boldsymbol{b}_r=\boldsymbol{a}_1+\boldsymbol{a}_2+\cdots+\boldsymbol{a}_r$,证明 $\boldsymbol{b}_1,\boldsymbol{b}_2,\cdots,\boldsymbol{b}_r$ 线性无关.

(3) 设 $\boldsymbol{\beta}_1=\boldsymbol{\alpha}_1+\boldsymbol{\alpha}_2,\boldsymbol{\beta}_2=\boldsymbol{\alpha}_2+\boldsymbol{\alpha}_3,\boldsymbol{\beta}_3=\boldsymbol{\alpha}_3+\boldsymbol{\alpha}_4,\boldsymbol{\beta}_4=\boldsymbol{\alpha}_4+\boldsymbol{\alpha}_1$,证明向量组 $\boldsymbol{\beta}_1,\boldsymbol{\beta}_2,\boldsymbol{\beta}_3,\boldsymbol{\beta}_4$ 线性相关.

C 类题

设 $\boldsymbol{A}$ 是 n 阶方阵，$\boldsymbol{\alpha}$ 是 n 维列向量，若 $\boldsymbol{A}^{m-1}\boldsymbol{\alpha}\neq\boldsymbol{0}$，$\boldsymbol{A}^{m}\boldsymbol{\alpha}=\boldsymbol{0}$，证明 $\boldsymbol{\alpha},\boldsymbol{A\alpha},\boldsymbol{A}^2\boldsymbol{\alpha},\cdots,\boldsymbol{A}^{m-1}\boldsymbol{\alpha}$ 线性无关($m\geqslant2$).

第二节　向量组的秩

1. 定义

(1) 最大无关组：设有向量组 $\boldsymbol{A}$，如果在 $\boldsymbol{A}$ 中能选出 r 个向量 $\boldsymbol{\alpha}_1,\boldsymbol{\alpha}_2,\cdots,\boldsymbol{\alpha}_r$，满足 $\boldsymbol{\alpha}_1,\boldsymbol{\alpha}_2,\cdots,\boldsymbol{\alpha}_r$ 线性无关且 $\boldsymbol{A}$ 中任一向量都可由 $\boldsymbol{\alpha}_1,\boldsymbol{\alpha}_2,\cdots,\boldsymbol{\alpha}_r$ 线性表示，则称 $\boldsymbol{\alpha}_1,\boldsymbol{\alpha}_2,\cdots,\boldsymbol{\alpha}_r$ 是向量组 $\boldsymbol{A}$ 的一个最大无关组.

(2) 最大无关组(等价定义)：设向量组 $\boldsymbol{B}$ 为向量组 $\boldsymbol{A}$ 的部分组，$\boldsymbol{B}$ 线性无关且 $\boldsymbol{A}$ 能由 $\boldsymbol{B}$ 线性表示，则称 $\boldsymbol{B}$ 是 $\boldsymbol{A}$ 的一个最大无关组.

(3) 向量组的秩：向量组 $\boldsymbol{A}$ 的最大无关组所含向量的个数，称为向量组的秩，记作 R_A.

(4) 矩阵的行秩与列秩：设矩阵 $\boldsymbol{A}=(a_{ij})_{m\times n}=(\boldsymbol{\alpha}_1,\boldsymbol{\alpha}_2,\cdots,\boldsymbol{\alpha}_n)=\begin{pmatrix}\boldsymbol{\beta}_1\\ \boldsymbol{\beta}_2\\ \vdots\\ \boldsymbol{\beta}_m\end{pmatrix}$，分别称列向量组 $\boldsymbol{\alpha}_1,\boldsymbol{\alpha}_2,\cdots,\boldsymbol{\alpha}_n$ 及行向量组 $\boldsymbol{\beta}_1,\boldsymbol{\beta}_2,\cdots,\boldsymbol{\beta}_m$ 的秩为矩阵 $\boldsymbol{A}$ 的列秩与行秩，记为 $R_c(\boldsymbol{A})$ 与 $R_r(\boldsymbol{A})$.

2. 重要结论

(1) 任一向量组与它的最大无关组等价.

(2) 矩阵 $\boldsymbol{A}$ 的秩等于它的列向量组的秩，也等于它的行向量组的秩，即 $R(\boldsymbol{A})=R_c(\boldsymbol{A})=R_r(\boldsymbol{A})$.

(3) 向量 $\boldsymbol{\beta}$ 能由向量组 $\boldsymbol{A}$ 线性表示 $\Leftrightarrow R(\boldsymbol{A})=R(\boldsymbol{A},\boldsymbol{\beta})$.

(4) 向量组 $\boldsymbol{A}$ 能由向量组 $\boldsymbol{B}$ 线性表示 $\Leftrightarrow R(\boldsymbol{A})=R(\boldsymbol{A},\boldsymbol{B})$.

(5) 若向量组 $\boldsymbol{A}$ 可由向量组 $\boldsymbol{B}$ 线性表示，则 $R(\boldsymbol{A})\leqslant R(\boldsymbol{B})$.

(6) 向量组 $\boldsymbol{A}$ 与向量组 $\boldsymbol{B}$ 等价 $\Leftrightarrow R(\boldsymbol{A})=R(\boldsymbol{B})=R(\boldsymbol{A},\boldsymbol{B})$，即等价的向量组秩相等.

例 1 设向量 $\boldsymbol{\alpha}_1=(1,-1,2,1)^{\mathrm{T}}$，$\boldsymbol{\alpha}_2=(2,-2,4,-2)^{\mathrm{T}}$，$\boldsymbol{\alpha}_3=(3,0,6,-1)^{\mathrm{T}}$，$\boldsymbol{\alpha}_4=(0,3,0,4)^{\mathrm{T}}$.

(1) 求向量组的秩和一个最大无关组；

(2) 将其余向量表示为该最大无关组的线性组合.

解： $$\boldsymbol{A}=(\boldsymbol{\alpha}_1,\boldsymbol{\alpha}_2,\boldsymbol{\alpha}_3,\boldsymbol{\alpha}_4)=\begin{pmatrix}1&2&3&0\\-1&-2&0&3\\2&4&6&0\\1&-2&-1&4\end{pmatrix}\overset{r}{\sim}\begin{pmatrix}1&0&0&1\\0&1&0&-2\\0&0&1&1\\0&0&0&0\end{pmatrix}=(\boldsymbol{\beta}_1,\boldsymbol{\beta}_2,\boldsymbol{\beta}_3,\boldsymbol{\beta}_4).$$

易知 $\boldsymbol{\beta}_1,\boldsymbol{\beta}_2,\boldsymbol{\beta}_3$ 是向量组 $\boldsymbol{\beta}_1,\boldsymbol{\beta}_2,\boldsymbol{\beta}_3,\boldsymbol{\beta}_4$ 的一个最大线性无关组，且 $\boldsymbol{\beta}_4=\boldsymbol{\beta}_1-2\boldsymbol{\beta}_2+\boldsymbol{\beta}_3$. 因为向量组 $\boldsymbol{\alpha}_1,\boldsymbol{\alpha}_2,\boldsymbol{\alpha}_3,\boldsymbol{\alpha}_4$ 与向量组 $\boldsymbol{\beta}_1,\boldsymbol{\beta}_2,\boldsymbol{\beta}_3,\boldsymbol{\beta}_4$ 有相同的线性关系，故原向量组的秩为 3，$\boldsymbol{\alpha}_1,\boldsymbol{\alpha}_2,\boldsymbol{\alpha}_3$ 为所求的一个最大无关组，$\boldsymbol{\alpha}_4=\boldsymbol{\alpha}_1-2\boldsymbol{\alpha}_2+\boldsymbol{\alpha}_3$.

A 类题

1. 判断题

(1) 矩阵的秩等于其列向量组的秩. ( )

(2) 任意一个矩阵的列向量组和行向量组具有相同的秩. ( )

(3) 在向量组中加入一个向量所得向量组的秩与原向量组的秩相等. ( )

(4) 线性无关的向量组的秩等于向量组中所含向量的个数. ( )

(5) 线性无关向量组的秩等于向量组中所含向量的维数. ( )

2. 填空题

(1) 向量组 $\boldsymbol{\alpha}_1=(1,3,5)^{\mathrm{T}}$，$\boldsymbol{\alpha}_2=(-1,-2,1)^{\mathrm{T}}$，$\boldsymbol{\alpha}_3=(1,4,11)^{\mathrm{T}}$ 的最大线性无关组是________________.

(2) 当 x ____________时，向量组 $\boldsymbol{\alpha}_1=(4,9,0)^{\mathrm{T}}$，$\boldsymbol{\alpha}_2=(3,11,0)^{\mathrm{T}}$，$\boldsymbol{\alpha}_3=(1,-6,x)^{\mathrm{T}}$ 的秩为 3.

(3) 向量组 $\boldsymbol{\alpha}_1=(3,6,9)^{\mathrm{T}}, \boldsymbol{\alpha}_2=(3,2,5)^{\mathrm{T}}, \boldsymbol{\alpha}_3=(1,3,x)^{\mathrm{T}}, \boldsymbol{\alpha}_4=(1,2,3)^{\mathrm{T}}$ 的秩为 2,则 $x=$________________.

(4) 若 m 个向量 $\boldsymbol{\alpha}_1,\boldsymbol{\alpha}_2,\cdots,\boldsymbol{\alpha}_m$ 线性相关,则此向量组的秩 r 和 m 的关系为________.

3. 选择题

(1) 设向量组 $\boldsymbol{\alpha}_1,\boldsymbol{\alpha}_2,\cdots,\boldsymbol{\alpha}_m$ 和向量组 $\boldsymbol{\beta}_1,\boldsymbol{\beta}_2,\cdots,\boldsymbol{\beta}_m$ 为两个 n 维向量组($m\geqslant 2$),且

$$\begin{cases}\boldsymbol{\alpha}_1=\boldsymbol{\beta}_2+\boldsymbol{\beta}_3+\cdots+\boldsymbol{\beta}_m,\\ \boldsymbol{\alpha}_2=\boldsymbol{\beta}_1+\boldsymbol{\beta}_3+\cdots+\boldsymbol{\beta}_m,\\ \cdots\cdots\cdots\cdots\cdots\cdots\\ \boldsymbol{\alpha}_m=\boldsymbol{\beta}_1+\boldsymbol{\beta}_2+\cdots+\boldsymbol{\beta}_{m-1},\end{cases}$$

则有(　　).

(A) $\boldsymbol{\alpha}_1,\boldsymbol{\alpha}_2,\cdots,\boldsymbol{\alpha}_m$ 的秩小于 $\boldsymbol{\beta}_1,\boldsymbol{\beta}_2,\cdots,\boldsymbol{\beta}_m$ 的秩

(B) $\boldsymbol{\alpha}_1,\boldsymbol{\alpha}_2,\cdots,\boldsymbol{\alpha}_m$ 的秩大于 $\boldsymbol{\beta}_1,\boldsymbol{\beta}_2,\cdots,\boldsymbol{\beta}_m$ 的秩

(C) $\boldsymbol{\alpha}_1,\boldsymbol{\alpha}_2,\cdots,\boldsymbol{\alpha}_m$ 的秩等于 $\boldsymbol{\beta}_1,\boldsymbol{\beta}_2,\cdots,\boldsymbol{\beta}_m$ 的秩

(D) 无法判定

(2) 若 $\boldsymbol{\alpha}_1,\boldsymbol{\alpha}_2,\cdots,\boldsymbol{\alpha}_r$ 是向量组 $\boldsymbol{\alpha}_1,\boldsymbol{\alpha}_2,\cdots,\boldsymbol{\alpha}_r,\cdots,\boldsymbol{\alpha}_n$ 的最大无关组,则结论(　　)是不正确的.

(A) $\boldsymbol{\alpha}_n$ 可由 $\boldsymbol{\alpha}_1,\boldsymbol{\alpha}_2,\cdots,\boldsymbol{\alpha}_r$ 线性表示　　(B) $\boldsymbol{\alpha}_1$ 可由 $\boldsymbol{\alpha}_{r+1},\boldsymbol{\alpha}_{r+2},\cdots,\boldsymbol{\alpha}_n$ 线性表示

(C) $\boldsymbol{\alpha}_1$ 可由 $\boldsymbol{\alpha}_1,\boldsymbol{\alpha}_2,\cdots,\boldsymbol{\alpha}_r$ 线性表示　　(D) $\boldsymbol{\alpha}_n$ 可由 $\boldsymbol{\alpha}_{r+1},\boldsymbol{\alpha}_{r+2},\cdots,\boldsymbol{\alpha}_n$ 线性表示

(3) 若向量组 $\boldsymbol{\alpha}_{i_1},\boldsymbol{\alpha}_{i_2},\cdots,\boldsymbol{\alpha}_{i_r}$ 和 $\boldsymbol{\alpha}_{j_1},\boldsymbol{\alpha}_{j_2},\cdots,\boldsymbol{\alpha}_{j_t}$ 分别是向量组 $\boldsymbol{\alpha}_1,\boldsymbol{\alpha}_2,\cdots,\boldsymbol{\alpha}_n$ 的最大无关组,则有(　　).

(A) $r=n$　　(B) $t=n$　　(C) $r=t$　　(D) $r\neq t$

(4) 若向量 $\boldsymbol{\beta}$ 可由向量组 $\boldsymbol{\alpha}_1,\boldsymbol{\alpha}_2,\cdots,\boldsymbol{\alpha}_m$ 线性表示,则有(　　).

(A) $R(\boldsymbol{\alpha}_1,\boldsymbol{\alpha}_2,\cdots,\boldsymbol{\alpha}_m)>R(\boldsymbol{\alpha}_1,\boldsymbol{\alpha}_2,\cdots,\boldsymbol{\alpha}_m,\boldsymbol{\beta})$

(B) $R(\boldsymbol{\alpha}_1,\boldsymbol{\alpha}_2,\cdots,\boldsymbol{\alpha}_m)<R(\boldsymbol{\alpha}_1,\boldsymbol{\alpha}_2,\cdots,\boldsymbol{\alpha}_m,\boldsymbol{\beta})$

(C) $R(\boldsymbol{\alpha}_1,\boldsymbol{\alpha}_2,\cdots,\boldsymbol{\alpha}_m)=R(\boldsymbol{\alpha}_1,\boldsymbol{\alpha}_2,\cdots,\boldsymbol{\alpha}_m,\boldsymbol{\beta})$

(D) 无法判定

4. 求下列向量组的秩,并求一个最大无关组.

(1) $\boldsymbol{a}_1=\begin{pmatrix}1\\-2\\1\\4\end{pmatrix},\ \boldsymbol{a}_2=\begin{pmatrix}4\\11\\1\\9\end{pmatrix},\ \boldsymbol{a}_3=\begin{pmatrix}3\\2\\5\\8\end{pmatrix}$;

(2) $\boldsymbol{a}_1=\begin{pmatrix}1\\2\\1\\3\end{pmatrix}$, $\boldsymbol{a}_2=\begin{pmatrix}-4\\1\\5\\6\end{pmatrix}$, $\boldsymbol{a}_3=\begin{pmatrix}3\\1\\-2\\-1\end{pmatrix}$.

B类题

1. 已知向量组 $\boldsymbol{\alpha}_1=\begin{pmatrix}1\\0\\2\\1\end{pmatrix}$, $\boldsymbol{\alpha}_2=\begin{pmatrix}1\\2\\0\\1\end{pmatrix}$, $\boldsymbol{\alpha}_3=\begin{pmatrix}2\\1\\3\\0\end{pmatrix}$, $\boldsymbol{\alpha}_4=\begin{pmatrix}2\\5\\-1\\4\end{pmatrix}$, $\boldsymbol{\alpha}_5=\begin{pmatrix}1\\-1\\3\\-1\end{pmatrix}$

(1) 求向量组的秩;

(2) 求该向量组的一个最大无关组,并把其余向量分别用该最大无关组线性表示.

2. 设向量组 $\boldsymbol{\alpha}_1,\boldsymbol{\alpha}_2,\cdots\boldsymbol{\alpha}_m$ 线性相关,且 $\boldsymbol{\alpha}_1\neq 0$,证明存在某个向量 $\boldsymbol{\alpha}_k(2\leqslant k\leqslant m)$,使 $\boldsymbol{\alpha}_k$ 能由 $\boldsymbol{\alpha}_1,\cdots,\boldsymbol{\alpha}_{k-1}$线性表示.

3. 设有两个向量组 $\boldsymbol{A}$：$\boldsymbol{\alpha}_1,\boldsymbol{\alpha}_2,\cdots,\boldsymbol{\alpha}_r$；$\boldsymbol{B}$：$\boldsymbol{\beta}_1=\boldsymbol{\alpha}_1-\boldsymbol{\alpha}_2,\boldsymbol{\beta}_2=\boldsymbol{\alpha}_2-\boldsymbol{\alpha}_3,\cdots,\boldsymbol{\beta}_{r-1}=\boldsymbol{\alpha}_{r-1}-\boldsymbol{\alpha}_r$，$\boldsymbol{\beta}_r=\boldsymbol{\alpha}_r+\boldsymbol{\alpha}_1$，证明向量组 $\boldsymbol{A}$ 的秩等于向量组 $\boldsymbol{B}$ 的秩.

C 类题

1. 向量组 $\boldsymbol{\alpha}_1,\boldsymbol{\alpha}_2,\cdots,\boldsymbol{\alpha}_s$ 的秩为 r_1，向量组 $\boldsymbol{\beta}_1,\boldsymbol{\beta}_2,\cdots,\boldsymbol{\beta}_t$ 的秩为 r_2，向量组 $\boldsymbol{\alpha}_1,\boldsymbol{\alpha}_2,\cdots,\boldsymbol{\alpha}_s,\boldsymbol{\beta}_1,\boldsymbol{\beta}_2,\cdots,\boldsymbol{\beta}_t$ 的秩为 r_3，证明 $\max\{r_1,r_2\}\leqslant r_3\leqslant r_1+r_2$.

2. 设矩阵 $\boldsymbol{A}=\boldsymbol{\alpha}\boldsymbol{\alpha}^{\mathrm{T}}+\boldsymbol{\beta}\boldsymbol{\beta}^{\mathrm{T}}$，这里 $\boldsymbol{\alpha},\boldsymbol{\beta}$ 为 n 维列向量. 证明：

(1) $R(\boldsymbol{A})\leqslant 2$；

(2) 当 $\boldsymbol{\alpha},\boldsymbol{\beta}$ 线性相关时，$R(\boldsymbol{A})\leqslant 1$.

第三节　线性方程组的解的结构

1. 定义

(1) 基础解系:如果齐次线性方程组$\boldsymbol{Ax}=\boldsymbol{0}$有非零解 $\boldsymbol{\xi}_1,\boldsymbol{\xi}_2,\cdots,\boldsymbol{\xi}_r$ 且$\boldsymbol{\xi}_1,\boldsymbol{\xi}_2,\cdots,\boldsymbol{\xi}_r$ 线性无关,方程组$\boldsymbol{Ax}=\boldsymbol{0}$的任意解可由 $\boldsymbol{\xi}_1,\boldsymbol{\xi}_2,\cdots,\boldsymbol{\xi}_r$ 线性表示(即 $\boldsymbol{\xi}_1,\boldsymbol{\xi}_2,\cdots,\boldsymbol{\xi}_r$ 为方程组$\boldsymbol{Ax}=\boldsymbol{0}$解集的一个最大线性无关组),则称 $\boldsymbol{\xi}_1,\boldsymbol{\xi}_2,\cdots,\boldsymbol{\xi}_r$ 为线性方程组的基础解系.

(2) 通解:如果 $\boldsymbol{\xi}_1,\boldsymbol{\xi}_2,\cdots,\boldsymbol{\xi}_r$ 是齐次线性方程组$\boldsymbol{Ax}=\boldsymbol{0}$一个基础解系,则

$$x=k_1\boldsymbol{\xi}_1+k_2\boldsymbol{\xi}_2+\cdots+k_r\boldsymbol{\xi}_r$$

是$\boldsymbol{Ax}=\boldsymbol{0}$的通解,其中 $k_1,k_2,\cdots,k_r$ 为任意实数.

2. 重要结论

(1) 若 $\boldsymbol{\xi}_1,\boldsymbol{\xi}_2$ 是$\boldsymbol{Ax}=\boldsymbol{0}$的解,则 $\boldsymbol{\xi}_1+\boldsymbol{\xi}_2$ 也是$\boldsymbol{Ax}=\boldsymbol{0}$的解.

(2) 若 $\boldsymbol{\xi}$ 是$\boldsymbol{Ax}=\boldsymbol{0}$的解,$k$ 为实数,则 $k\boldsymbol{\xi}$ 也是$\boldsymbol{Ax}=0$的解.

(3) 若 $\boldsymbol{A}_{m\times n}x=\boldsymbol{0}$,则 $R_S=n-R(\boldsymbol{A})$(其中 S 为 $\boldsymbol{A}_{m\times n}x=\boldsymbol{0}$的解集).

(4) 若 $\boldsymbol{\eta}_1,\boldsymbol{\eta}_2$ 是 $\boldsymbol{Ax}=\boldsymbol{b}$ 的解,则 $\boldsymbol{\eta}_1-\boldsymbol{\eta}_2$ 是对应的齐次线性方程组$\boldsymbol{Ax}=\boldsymbol{0}$的解.

(5) 若 $\boldsymbol{\eta}$ 是 $\boldsymbol{Ax}=\boldsymbol{b}$ 的解,$\boldsymbol{\xi}$ 是对应的齐次线性方程组$\boldsymbol{Ax}=\boldsymbol{0}$的解,则 $\boldsymbol{\xi}+\boldsymbol{\eta}$ 是 $\boldsymbol{Ax}=\boldsymbol{b}$ 的解.

(6) 若 $\boldsymbol{\eta}^*$ 是 $\boldsymbol{Ax}=\boldsymbol{b}$ 的一个解,$x=k_1\boldsymbol{\xi}_1+k_2\boldsymbol{\xi}_2+\cdots+k_{n-r}\boldsymbol{\xi}_{n-r}$是对应的齐次线性方程组$\boldsymbol{Ax}=\boldsymbol{0}$的通解(其中 $\boldsymbol{\xi}_1,\boldsymbol{\xi}_2,\cdots,\boldsymbol{\xi}_{n-r}$为$\boldsymbol{Ax}=\boldsymbol{0}$的一个基础解系,$k_1,k_2,\cdots,k_{n-r}$为任意的实数),则 $\boldsymbol{Ax}=\boldsymbol{b}$ 的通解为 $x=k_1\boldsymbol{\xi}_1+k_2\boldsymbol{\xi}_2+\cdots+k_{n-r}\boldsymbol{\xi}_{n-r}+\boldsymbol{\eta}^*$.

例 1　设 $\boldsymbol{\alpha}_1,\boldsymbol{\alpha}_2,\boldsymbol{\alpha}_3$ 是齐次线性方程组$\boldsymbol{Ax}=\boldsymbol{0}$的一个基础解系,证明 $\boldsymbol{\alpha}_1+\boldsymbol{\alpha}_2,\boldsymbol{\alpha}_2+\boldsymbol{\alpha}_3,\boldsymbol{\alpha}_3+\boldsymbol{\alpha}_1$ 也是该方程组的一个基础解系.

分析: 要证明 $\boldsymbol{\alpha}_1+\boldsymbol{\alpha}_2,\boldsymbol{\alpha}_2+\boldsymbol{\alpha}_3,\boldsymbol{\alpha}_3+\boldsymbol{\alpha}_1$ 是$\boldsymbol{Ax}=\boldsymbol{0}$的一个基础解系.只需验证(1)该向量组是 $\boldsymbol{Ax}=0$ 的解;(2)该向量组线性无关.

证明: 显然 $\boldsymbol{\alpha}_1+\boldsymbol{\alpha}_2,\boldsymbol{\alpha}_2+\boldsymbol{\alpha}_3,\boldsymbol{\alpha}_3+\boldsymbol{\alpha}_1$ 均是$\boldsymbol{Ax}=\boldsymbol{0}$的解.

下面我们按定义证明 $\boldsymbol{\alpha}_1+\boldsymbol{\alpha}_2,\boldsymbol{\alpha}_2+\boldsymbol{\alpha}_3,\boldsymbol{\alpha}_3+\boldsymbol{\alpha}_1$ 线性无关.

建立表达式 $k_1(\boldsymbol{\alpha}_1+\boldsymbol{\alpha}_2)+k_2(\boldsymbol{\alpha}_2+\boldsymbol{\alpha}_3)+k_3(\boldsymbol{\alpha}_3+\boldsymbol{\alpha}_1)=\boldsymbol{0}$

即$(k_1+k_3)\boldsymbol{\alpha}_1+(k_2+k_1)\boldsymbol{\alpha}_2+(k_2+k_3)\boldsymbol{\alpha}_3=\boldsymbol{0}$

又 $\boldsymbol{\alpha}_1,\boldsymbol{\alpha}_2,\boldsymbol{\alpha}_3$ 是$\boldsymbol{Ax}=\boldsymbol{0}$的一个基础解系,所以 $\boldsymbol{\alpha}_1,\boldsymbol{\alpha}_2,\boldsymbol{\alpha}_3$ 线性无关,于是

$$\begin{cases} k_1 + k_3 = 0, \\ k_1 + k_2 = 0, \\ k_2 + k_3 = 0. \end{cases}$$

易知 $k_1 = k_2 = k_3 = 0$，因此 $\boldsymbol{\alpha}_1 + \boldsymbol{\alpha}_2, \boldsymbol{\alpha}_2 + \boldsymbol{\alpha}_3, \boldsymbol{\alpha}_3 + \boldsymbol{\alpha}_1$ 线性无关，即它们是 $\boldsymbol{Ax} = \boldsymbol{0}$ 的一个基础解系.

例 2　设三元非齐次线性方程组的系数矩阵的秩为 2，已知 $\boldsymbol{\eta}_1, \boldsymbol{\eta}_2, \boldsymbol{\eta}_3$ 是它的三个解向量，$\boldsymbol{\eta}_1 + \boldsymbol{\eta}_2 = (3, 1, -1)^{\mathrm{T}}$，$\boldsymbol{\eta}_1 + \boldsymbol{\eta}_3 = (2, 0, -2)^{\mathrm{T}}$，求该方程组的通解.

分析：欲求非齐次线性方程组 $\boldsymbol{Ax} = \boldsymbol{b}(\boldsymbol{b} \neq \boldsymbol{0})$ 的通解，关键在于求它的一个特解及对应的齐次线性方程组的基础解系. 而齐次线性方程组基础解系所含向量的个数为 $n - R(\mathbf{A})$. 所以，本题非齐次线性方程组所对应的齐次线性方程组的基础解系含向量的个数只有 $3-2=1$ 个. 而单个的非零向量是线性无关的. 故我们只需求出对应的齐次线性方程组的一个非零解即可.

证明：记 $\boldsymbol{\xi} = (\boldsymbol{\eta}_1 + \boldsymbol{\eta}_2) - (\boldsymbol{\eta}_1 + \boldsymbol{\eta}_3) = (1, 1, 1)^{\mathrm{T}}$，$\boldsymbol{\eta}^* = \dfrac{\boldsymbol{\eta}_1 + \boldsymbol{\eta}_3}{2} = (1, 0, -1)^{\mathrm{T}}$

则容易验证 $\boldsymbol{\xi}$ 是 $\boldsymbol{Ax} = \boldsymbol{0}$ 的解，$\boldsymbol{\eta}^*$ 是 $\boldsymbol{Ax} = \boldsymbol{b}$ 的解.

由 $R(\mathbf{A}) = 2$ 知，$\boldsymbol{\xi}$ 的 $\boldsymbol{Ax} = \boldsymbol{0}$ 基础解系，从而 $\boldsymbol{Ax} = \boldsymbol{b}$ 的通解为

$$x = \boldsymbol{\eta}^* + k\boldsymbol{\xi} \quad k \in R$$

例 3　λ 取何值时，非齐次线性方程组

$$\begin{cases} \lambda x_1 + x_2 + x_3 = 1 \\ x_1 + \lambda x_2 + x_3 = \lambda \\ x_1 + x_2 + \lambda x_3 = \lambda^2 \end{cases}$$

(1) 有惟一解；(2) 无解；(3) 有无穷解，在有无穷解时，求通解.

分析：这是含参数的线性方程组，且其中含有未知数个数和方程个数相等，解此类题目的方法有以下两种.

方法一　先求其系数行列式，利用克莱姆法则，若系数行列式不等于零时，方程组有惟一解. 再对系数行列式为零的参数分别列出增广矩阵求解；

方法二　直接利用增广矩阵的初等行变换，利用系数矩阵的秩与增广矩阵的秩的关系讨论解的存在性. 非齐次线性方程组有解的条件是系数矩阵的秩和增广矩阵的秩相等，若系数矩阵的秩和增广矩阵的秩相等且等于未知数的个数，方程组有惟一解；若系数矩阵的秩和增广矩阵的秩相等且小于未知数的个数，则方程组有无穷解. 系数矩阵的秩和增广矩阵的秩不相等，则方程组无解.

我们用方法一解答，方法二留作学生练习.

方法一　求系数行列式

$$|\mathbf{A}| = \begin{vmatrix} \lambda & 1 & 1 \\ 1 & \lambda & 1 \\ 1 & 1 & \lambda \end{vmatrix} = (\lambda + 2)(\lambda - 1)^2$$

(1) 当 $\lambda\neq-2$ 且 $\lambda\neq1$ 时，$|\boldsymbol{A}|\neq0$，方程组有惟一解；

(2) 当 $\lambda=-2$ 时，对增广矩阵 $\boldsymbol{B}$ 施行初等行变换

$$\boldsymbol{B}=\begin{pmatrix}-2&1&1&1\\1&-2&1&-2\\1&1&-2&4\end{pmatrix}\xrightarrow[r_2-r_3]{r_1+2r_3}\begin{pmatrix}0&3&-3&9\\0&-3&-3&-6\\1&1&-2&4\end{pmatrix}\xrightarrow[r_2\leftrightarrow r_3]{r_1+r_3}$$

$$\begin{pmatrix}1&1&-2&4\\0&-3&3&-6\\0&0&0&3\end{pmatrix}$$

$R(\boldsymbol{A})=2\neq R(\boldsymbol{B})=3$，方程组无解；

(3) 当 $\lambda=1$ 时，对增广矩阵 $\boldsymbol{B}$ 施行初等行变换

$$\boldsymbol{B}=\begin{pmatrix}1&1&1&1\\1&1&1&1\\1&1&1&1\end{pmatrix}\xrightarrow[r_3-r_1]{r_2-r_1}\begin{pmatrix}1&1&1&1\\0&0&0&0\\0&0&0&0\end{pmatrix}(c_1,c_2\in R)$$

$R(\boldsymbol{A})=R(\boldsymbol{B})=1$，方程组有无穷解，其同解方程组为

$$x_1+x_2+x_3=1$$

通解为 $$\begin{pmatrix}x_1\\x_2\\x_3\end{pmatrix}=\begin{pmatrix}1\\0\\0\end{pmatrix}+c_1\begin{pmatrix}-1\\1\\0\end{pmatrix}+c_2\begin{pmatrix}-1\\0\\1\end{pmatrix}\quad(c_1,c_2\in R).$$

例 4 已知线性方程组

$$\begin{cases}x_1+x_2+x_3+x_4+x_5=a\\3x_1+2x_2+x_3+x_4-3x_5=0\\x_2+2x_3+2x_4+6x_5=b\\5x_1+4x_2+3x_3+3x_4-x_5=2\end{cases}$$

a,b 为何值时，方程组有解？并求出其全部解.

分析： 这是含参数的线性方程组，方程组含 5 个未知数，4 个方程，因此只能利用增广矩阵的初等行变换，利用系数矩阵的秩与增广矩阵的秩的关系讨论解的存在性.

解： $$\boldsymbol{B}=\begin{pmatrix}1&1&1&1&1&a\\3&2&1&1&-3&0\\0&1&2&2&6&b\\5&4&3&3&-1&2\end{pmatrix}\overset{r}{\sim}\begin{pmatrix}1&0&-1&-1&-5&-2a\\0&1&2&2&6&3a\\0&0&0&0&0&b-3a\\0&0&0&0&0&2-2a\end{pmatrix}$$

可见当 $a=1,b=3$ 时，$R(\boldsymbol{A})=R(\boldsymbol{B})=2$，方程组有解，通解方程组为

$$\begin{cases}x_1=-2+x_3+x_4+5x_5\\x_2=3-2x_3-2x_4-6x_5\end{cases}$$

通解为

$$\begin{pmatrix}x_1\\x_2\\x_3\\x_4\\x_5\end{pmatrix}=\begin{pmatrix}-2\\3\\0\\0\\0\end{pmatrix}+k_1\begin{pmatrix}1\\-2\\1\\0\\0\end{pmatrix}+k_2\begin{pmatrix}1\\-2\\0\\1\\0\end{pmatrix}+k_3\begin{pmatrix}5\\-6\\0\\0\\1\end{pmatrix}\quad(k_1,k_2,k_3\in R)$$

例 5　求一个齐次线性方程组,使它的基础解系为

$$\boldsymbol{\xi}_1=(0,1,2,3)^{\mathrm{T}},\ \boldsymbol{\xi}_2=(3,2,1,0)^{\mathrm{T}}$$

分析:本题是一个由基础解系反求方程组的问题.由所给的基础解系的解向量可知,欲求的齐次线性方程组是一个含有四个未知数的方程组.设所求齐次线性方程组的系数矩阵为$\boldsymbol{A}$,设$\boldsymbol{B}=(\boldsymbol{\xi}_1,\boldsymbol{\xi}_2)$,由于$\boldsymbol{\xi}_1,\boldsymbol{\xi}_2$均为$\boldsymbol{Ax}=\boldsymbol{0}$的解,故有$\boldsymbol{AB}=(\boldsymbol{A\xi}_1,\boldsymbol{A\xi}_2)=(\boldsymbol{0},\boldsymbol{0})=\boldsymbol{O}$,现在是$\boldsymbol{B}$已知,而$\boldsymbol{A}$未知,考虑到$\boldsymbol{B}^{\mathrm{T}}\boldsymbol{A}^{\mathrm{T}}=\boldsymbol{O}$,即$\boldsymbol{A}^{\mathrm{T}}$的列向量是$\boldsymbol{B}^{\mathrm{T}}\boldsymbol{x}=\boldsymbol{0}$的解向量,从而问题转化为求解方程组$\boldsymbol{B}^{\mathrm{T}}\boldsymbol{x}=\boldsymbol{0}$的问题.

解:设所求齐次线性方程组的系数矩阵为$\boldsymbol{A}$,$\boldsymbol{B}=(\boldsymbol{\xi}_1,\boldsymbol{\xi}_2)$,则有$\boldsymbol{AB}=\boldsymbol{O}$,继而有$\boldsymbol{B}^{\mathrm{T}}\boldsymbol{A}^{\mathrm{T}}=\boldsymbol{O}$,即$\boldsymbol{A}^{\mathrm{T}}$的列向量是$\boldsymbol{B}^{\mathrm{T}}x=\boldsymbol{0}$的解向量.由已知

$$\boldsymbol{B}=\begin{pmatrix}0&1&2&3\\3&2&1&0\end{pmatrix}\overset{r}{\sim}\begin{pmatrix}1&0&-1&-2\\0&1&2&3\end{pmatrix}$$

同解方程组为

$$\begin{cases}x_1=x_3+2x_4\\x_2=-2x_3-3x_4\end{cases}$$

故$\boldsymbol{B}^{\mathrm{T}}\boldsymbol{x}=\boldsymbol{0}$的一个基础解系为

$$\boldsymbol{\xi}_1=\begin{pmatrix}1\\-2\\1\\0\end{pmatrix},\boldsymbol{\xi}_2=\begin{pmatrix}2\\-3\\0\\1\end{pmatrix},\text{可取}\ \boldsymbol{A}=\begin{pmatrix}1&-2&1&0\\2&-3&0&1\end{pmatrix}$$

所求的齐次线性方程组为

$$\begin{cases}x_1-2x_2+x_3=0\\2x_1-3x_2+x_4=0\end{cases}$$

注:可见这样的齐次线性方程组不惟一.

例 6　设$\boldsymbol{\beta}$是非齐次线性方程组$\boldsymbol{Ax}=\boldsymbol{b}$的一个解,$\boldsymbol{\alpha}_1,\boldsymbol{\alpha}_2,\cdots,\boldsymbol{\alpha}_{n-r}$是对应齐次线性方程组的一个基础解系,证明:

(1) $\boldsymbol{\alpha}_1,\boldsymbol{\alpha}_2,\cdots,\boldsymbol{\alpha}_{n-r},\boldsymbol{\beta}$线性无关;

(2) $\boldsymbol{\alpha}_1+\boldsymbol{\beta},\boldsymbol{\alpha}_2+\boldsymbol{\beta},\cdots,\boldsymbol{\alpha}_{n-r}+\boldsymbol{\beta},\boldsymbol{\beta}$线性无关.

分析:我们在第一节介绍了证明向量组的线性相关性常用的四个方法,对于本题我们采用反正法和定义法.$\boldsymbol{\alpha}_1,\boldsymbol{\alpha}_2,\cdots,\boldsymbol{\alpha}_{n-r}$是对应齐次线性方程组$\boldsymbol{Ax}=\boldsymbol{0}$的一个基础解系,它们是线性无关的,这是一个很重要隐含的条件,解题过程中要充分利用该条件,另外要注

意,$\boldsymbol{b}\neq\mathbf{0}$这也是隐含条件.

证法一(用反证法) 设$\boldsymbol{\alpha}_1,\boldsymbol{\alpha}_2,\cdots,\boldsymbol{\alpha}_{n-r},\boldsymbol{\beta}$线性相关,由于$\boldsymbol{\alpha}_1,\boldsymbol{\alpha}_2,\cdots,\boldsymbol{\alpha}_{n-r}$是基础解系,是线性无关的,所以$\boldsymbol{\beta}$可由$\boldsymbol{\alpha}_1,\boldsymbol{\alpha}_2,\cdots,\boldsymbol{\alpha}_{n-r}$线性表示,即存在$n-r$个数$k_1,k_2,\cdots,k_{n-r}$,使得

$$\boldsymbol{\beta}=k_1\boldsymbol{\alpha}_1+k_2\boldsymbol{\alpha}_2+\cdots+k_{n-r}\boldsymbol{\alpha}_{n-r}$$

两边左乘$\mathbf{A}$,得

$$\begin{aligned}\mathbf{A}\boldsymbol{\beta}&=\mathbf{A}(k_1\boldsymbol{\alpha}_1+k_2\boldsymbol{\alpha}_2+\cdots+k_{n-r}\boldsymbol{\alpha}_{n-r})\\&=k_1(\mathbf{A}\boldsymbol{\alpha}_1)+k_2(\mathbf{A}\boldsymbol{\alpha}_2)+\cdots+k_{n-r}(\mathbf{A}\boldsymbol{\alpha}_{n-r})=\mathbf{0}\end{aligned}$$

即$\boldsymbol{\beta}$是$\mathbf{A}\boldsymbol{x}=\mathbf{0}$的解,这与题设$\boldsymbol{\beta}$是$\mathbf{A}\boldsymbol{x}=\boldsymbol{b}$的解矛盾,故$\boldsymbol{\alpha}_1,\boldsymbol{\alpha}_2,\cdots,\boldsymbol{\alpha}_{n-r},\boldsymbol{\beta}$线性无关.

证法二(定义法) 设存在$n-r+1$个数$k_1,k_2,\cdots,k_{n-r},k$使得

$$k_1(\boldsymbol{\alpha}_1+\boldsymbol{\beta})+k_2(\boldsymbol{\alpha}_2+\boldsymbol{\beta})+\cdots+k_{n-r}(\boldsymbol{\alpha}_{n-r}+\boldsymbol{\beta})+k\boldsymbol{\beta}=\mathbf{0}$$

即

$$(k+k_1+k_2+\cdots+k_{n-r})\boldsymbol{\beta}+k_1\boldsymbol{\alpha}_1+k_2\boldsymbol{\alpha}_2+\cdots+k_{n-r}\boldsymbol{\alpha}_{n-r}=\mathbf{0}$$

由(1)知$\boldsymbol{\alpha}_1,\boldsymbol{\alpha}_2,\cdots,\boldsymbol{\alpha}_{n-r},\boldsymbol{\beta}$线性无关,故

$$k+k_1+k_2+\cdots+k_{n-r}=0,k_1=k_2=\cdots=k_{n-r}=0$$

于是$\boldsymbol{\alpha}_1+\boldsymbol{\beta},\boldsymbol{\alpha}_2+\boldsymbol{\beta},\cdots,\boldsymbol{\alpha}_{n-r}+\boldsymbol{\beta},\boldsymbol{\beta}$线性无关.

例7 设n阶方阵$\mathbf{A}$的各行元素之和都为零,且$R(\mathbf{A})=n-1$,求方程组$\mathbf{A}\boldsymbol{x}=\mathbf{0}$的通解.

分析: 此题看似无从下手,但从$R(\mathbf{A})=n-1$可知,基础解系中解向量的个数等于$n-R(\mathbf{A})=n-(n-1)=1$,所以只要求出方程组的一个非零解,那么任意数乘以这个解就是$\mathbf{A}\boldsymbol{x}=\mathbf{0}$的通解.

解: 设$\mathbf{A}=(a_{ij})_{n\times n}$,已知方阵$\mathbf{A}$的各行元素之和都为零,即$a_{i1}+a_{i2}+\cdots+a_{in}=0(i=1,2,\cdots,n)$知,

$$\mathbf{A}\begin{pmatrix}1\\1\\\vdots\\1\end{pmatrix}=\begin{pmatrix}a_{11}&a_{12}&\cdots&a_{1n}\\a_{21}&a_{22}&\cdots&a_{2n}\\\vdots&\vdots&\ddots&\vdots\\a_{n1}&a_{n2}&\cdots&a_{nn}\end{pmatrix}\begin{pmatrix}1\\1\\\vdots\\1\end{pmatrix}=0$$

即$\boldsymbol{\xi}=(1,1,\cdots,1)^{\mathrm{T}}$是$\mathbf{A}\boldsymbol{x}=\mathbf{0}$的解.又由$R(\mathbf{A})=n-1$知$\mathbf{A}\boldsymbol{x}=\mathbf{0}$的基础解系中含$n-R(\mathbf{A})=n-(n-1)=1$个解向量,故$\boldsymbol{\xi}$是$\mathbf{A}\boldsymbol{x}=\mathbf{0}$的基础解系,故通解为$x=k\boldsymbol{\xi}(k\in R)$.

A类题

1. 判断题

(1) 求解n元线性方程组时,变量的个数一定要与方程的个数相等. ( )

(2) 用初等变换求解线性方程组$\mathbf{A}\boldsymbol{x}=\boldsymbol{b}$时,不能对行和列混合实施初等变换.( )

(3) 齐次线性方程组 $\boldsymbol{A}\boldsymbol{x}=\boldsymbol{0}$的解空间的基础解系是惟一的.　(　)

(4) 设向量 $\boldsymbol{\xi}$ 与 $\boldsymbol{\eta}$ 线性无关,则 $\boldsymbol{\xi}-\boldsymbol{\eta}$ 与 $\boldsymbol{\xi}+\boldsymbol{\eta}$ 也线性无关.　(　)

(5) 设 $\boldsymbol{\xi},\boldsymbol{\eta}$ 是非齐次线性方程组 $\boldsymbol{A}\boldsymbol{x}=\boldsymbol{b}$ 的两个解,则 $\boldsymbol{\xi}-\boldsymbol{\eta}$ 一定是 $\boldsymbol{A}\boldsymbol{x}=\boldsymbol{0}$的解.

(　)

2. 填空题

(1) 若方程组 $\boldsymbol{A}_{m\times n}\boldsymbol{X}=\boldsymbol{0}$ 的解不惟一,则方程组有________解.

(2) 设 $\boldsymbol{A}$ 是 4×3 矩阵,$\boldsymbol{\alpha}$ 是齐次线性方程组 $\boldsymbol{A}^{\mathrm{T}}\boldsymbol{x}=\boldsymbol{0}$的基础解系,则 $R(\boldsymbol{A})=$ ________.

(3) 设 n 阶方阵 $\boldsymbol{A}$ 的各行元素之和均为零,且 $R(\boldsymbol{A})=n-1$,则线性方程组 $\boldsymbol{A}\boldsymbol{x}=\boldsymbol{0}$的通解为________.

(4) 已知方程组 $\begin{cases}\lambda x_1+x_2+x_3=1\\ x_1+\lambda x_2+x_3=\lambda\\ x_1+x_2+\lambda x_3=\lambda^2\end{cases}$ 有惟一解,则 $\lambda\neq$ ________.

3. 选择题

(1) 已知 $\boldsymbol{\beta}_1,\boldsymbol{\beta}_2$ 是 $\boldsymbol{A}\boldsymbol{x}=\boldsymbol{b}$ 的两个不同的解,$\boldsymbol{\alpha}_1,\boldsymbol{\alpha}_2$ 是相应的齐次方程组 $\boldsymbol{A}\boldsymbol{x}=\boldsymbol{0}$的基础解系,$k_1,k_2$ 为任意常数,则 $\boldsymbol{A}\boldsymbol{x}=\boldsymbol{b}$ 的通解是(　　).

(A) $k_1\boldsymbol{\alpha}_1+k_2(\boldsymbol{\alpha}_1+\boldsymbol{\alpha}_2)+\dfrac{\boldsymbol{\beta}_1-\boldsymbol{\beta}_2}{2}$　　(B) $k_1\boldsymbol{\alpha}_1+k_2(\boldsymbol{\alpha}_1-\boldsymbol{\alpha}_2)+\dfrac{\boldsymbol{\beta}_1+\boldsymbol{\beta}_2}{2}$

(C) $k_1\boldsymbol{\alpha}_1+k_2(\boldsymbol{\beta}_1-\boldsymbol{\beta}_2)+\dfrac{\boldsymbol{\beta}_1-\boldsymbol{\beta}_2}{2}$　　(D) $k_1\boldsymbol{\alpha}_1+k_2(\boldsymbol{\beta}_1-\boldsymbol{\beta}_2)+\dfrac{\boldsymbol{\beta}_1+\boldsymbol{\beta}_2}{2}$

(2) 已知线性方程组 $\boldsymbol{A}\boldsymbol{x}=\boldsymbol{b}$ 有两个不同的解 $\boldsymbol{\eta}_1,\boldsymbol{\eta}_2$,而 $\boldsymbol{\alpha}_1,\boldsymbol{\alpha}_2,\boldsymbol{\alpha}_3$ 是相应的齐次线性方程组 $\boldsymbol{A}\boldsymbol{x}=\boldsymbol{0}$的基础解系,$k_1,k_2,k_3$ 是任意常数,则 $\boldsymbol{A}\boldsymbol{x}=\boldsymbol{b}$ 的通解是(　　).

(A) $k_1\boldsymbol{\alpha}_1+k_2(\boldsymbol{\alpha}_1+\boldsymbol{\alpha}_2)++k_3(\boldsymbol{\alpha}_1+\boldsymbol{\alpha}_2+\boldsymbol{\alpha}_3)+\dfrac{\boldsymbol{\eta}_1+\boldsymbol{\eta}_2}{2}$

(B) $k_1\boldsymbol{\alpha}_1+k_2(\boldsymbol{\alpha}_1+\boldsymbol{\alpha}_2)++k_3(\boldsymbol{\alpha}_1+\boldsymbol{\alpha}_2+\boldsymbol{\alpha}_3)+\dfrac{\boldsymbol{\eta}_1-\boldsymbol{\eta}_2}{2}$

(C) $k_1\boldsymbol{\alpha}_1+k_2(\boldsymbol{\alpha}_1+\boldsymbol{\alpha}_2+\boldsymbol{\alpha}_3)+3\boldsymbol{\eta}_1-2\boldsymbol{\eta}_2$

(D) $k_1\boldsymbol{\alpha}_1+k_2(\boldsymbol{\alpha}_1+\boldsymbol{\alpha}_2+\boldsymbol{\alpha}_3)+\boldsymbol{\eta}_1$

4. 求下列齐次线性方程组的一个基础解系

(1) $\begin{cases} 8x_1+7x_2+6x_3-3x_4=0, \\ 2x_1-3x_2-2x_3+x_4=0, \\ 3x_1+5x_2+4x_3-2x_4=0; \end{cases}$

(2) $\begin{cases} x_1+x_2+2x_3+x_4=0, \\ 2x_1+x_2-x_3+x_4=0, \\ x_1+2x_2+x_3-x_4=0. \end{cases}$

B类题

1. 求方程组 $\begin{cases} x_1+3x_3+x_4=2 \\ x_1-3x_2+x_4=-1 \\ 2x_1+x_2+7x_3+2x_4=5 \\ 4x_1+2x_2+14x_3=6 \end{cases}$ 的通解.

2. 设四元非齐次线性方程组的系数矩阵的秩为3,已知 $\boldsymbol{\eta}_1,\boldsymbol{\eta}_2,\boldsymbol{\eta}_3$ 是它的三个解向量,且 $\boldsymbol{\eta}_1=\begin{pmatrix}2\\3\\4\\5\end{pmatrix}$, $\boldsymbol{\eta}_2+\boldsymbol{\eta}_3=\begin{pmatrix}1\\2\\3\\4\end{pmatrix}$,求该方程组的通解.

3. 求解线性方程组 $\begin{cases}x-2y+3z-u=1,\\3x-y+5z-3u=2,\\2x+y+2z-2u=3.\end{cases}$

4. 设有线性方程组 $\begin{cases}x_1+x_2+x_3+x_4+x_5=1\\3x_1+2x_2+x_3+x_4-3x_5=0\\x_2+2x_3+2x_4+6x_5=3\\5x_1+4x_2+3x_3+3x_4-x_5=p\end{cases}$ 问 p 取何值时,此方程组(1)有惟一解;(2)无解;(3)有无限多个解?并在有无限多解时求其通解.

C 类题

1. 齐次线性方程组

$$\begin{cases} a_{11}x_1 + a_{12}x_2 + \cdots + a_{1n}x_n = 0, \\ a_{21}x_1 + a_{22}x_2 + \cdots + a_{2n}x_n = 0, \\ \cdots\cdots\cdots\cdots\cdots\cdots\cdots\cdots \\ a_{(n-1)1}x_1 + a_{(n-1)2}x_2 + \cdots + a_{(n-1)n}x_n = 0, \end{cases}$$

的系数矩阵为

$$\boldsymbol{A} = \begin{pmatrix} a_{11} & a_{12} & \cdots & a_{1n} \\ a_{21} & a_{22} & \cdots & a_{2n} \\ \vdots & \vdots & & \vdots \\ a_{(n-1)1} & a_{(n-1)2} & \cdots & a_{(n-1)n} \end{pmatrix}$$

设 $M_i(i=1,2,\cdots,n)$ 是 $\boldsymbol{A}$ 中划去第 i 列所得到的 $n-1$ 阶子式. 证明:

(1) $(M_1, -M_2, \cdots, (-1)^{n+1}M_n)^{\mathrm{T}}$ 是方程组的一个解;

(2) 若 $R(\boldsymbol{A})=n-1$, 则方程组的所有解是 $(M_1, -M_2, \cdots, (-1)^{n-1}M_n)^{\mathrm{T}}$ 的倍数.

2. 设 $\boldsymbol{\alpha}_1,\boldsymbol{\alpha}_2,\boldsymbol{\alpha}_3$ 是齐次线性方程组 $\boldsymbol{AX}=\boldsymbol{0}$的一个基础解系，证明 $\boldsymbol{\alpha}_1+\boldsymbol{\alpha}_2,\boldsymbol{\alpha}_2+\boldsymbol{\alpha}_3,\boldsymbol{\alpha}_3+\boldsymbol{\alpha}_1$ 也是该方程组的一个基础解系.

3. 设非齐次线性方程组 $\boldsymbol{Ax}=\boldsymbol{b}$ 的系数矩阵的秩为 $r,\boldsymbol{\eta}_1,\boldsymbol{\eta}_2,\cdots,\boldsymbol{\eta}_{n-r+1}$是它的$n-r+1$个线性无关的解，证明它的任一解可表示为 $\boldsymbol{x}=k_1\boldsymbol{\eta}_1+k_2\boldsymbol{\eta}_2+\cdots+k_{n-r+1}\boldsymbol{\eta}_{n-r+1}$，其中 $k_1+k_2+\cdots+k_{n-r+1}=1$.

第四节　向量空间

1. 定义

(1) 向量空间:设 V 为非空 n 维向量的集合,对 $\forall \boldsymbol{\alpha},\boldsymbol{\beta}\in V$,$\forall k\in R$,总有 $\boldsymbol{\alpha}+\boldsymbol{\beta}\in V$,$k\boldsymbol{\alpha}\in V$(即 V 对于向量的加法及数乘两种运算封闭),则称 V 为向量空间.

(2) 子空间:设有向量空间 V_1 及 V_2,若 $V_1\subseteq V_2$,则称 V_1 是 V_2 的一个子空间.

(3) 基和维数:设 V 为向量空间,若向量组 V_0 是 V 的一个最大无关组,则称 V_0 为向量空间 V 的一个基;最大无关组 V_0 中所含向量的个数 r 称为 V 的维数,并称 V 为 r 维的向量空间.

(4) 坐标:设 $\boldsymbol{\alpha}_1,\boldsymbol{\alpha}_2,\cdots,\boldsymbol{\alpha}_r$ 是向量空间的一个基,那么 V 中任一向量 $\boldsymbol{x}$ 可惟一地表示为 $\boldsymbol{x}=\lambda_1\boldsymbol{\alpha}_1+\lambda_2\boldsymbol{\alpha}_2+\cdots+\lambda_r\boldsymbol{\alpha}_r$,则称数组 $\lambda_1,\lambda_2,\cdots,\lambda_r$ 为向量 $\boldsymbol{x}$ 在基 $\boldsymbol{\alpha}_1,\boldsymbol{\alpha}_2,\cdots,\boldsymbol{\alpha}_r$ 中的坐标.

2. 重要结论

(1) 若 $\boldsymbol{\alpha}_1,\boldsymbol{\alpha}_2,\cdots,\boldsymbol{\alpha}_n$ 与 $\boldsymbol{\beta}_1,\boldsymbol{\beta}_2,\cdots,\boldsymbol{\beta}_n$ 是 n 维向量空间 V 的两个基,则由基 $\boldsymbol{\alpha}_1,\boldsymbol{\alpha}_2,\cdots,\boldsymbol{\alpha}_n$ 到基 $\boldsymbol{\beta}_1,\boldsymbol{\beta}_2,\cdots,\boldsymbol{\beta}_n$ 的过渡矩阵 $\boldsymbol{C}$ 是可逆矩阵.

(2) 若 $\boldsymbol{\alpha}_1,\boldsymbol{\alpha}_2,\cdots,\boldsymbol{\alpha}_n$ 与 $\boldsymbol{\beta}_1,\boldsymbol{\beta}_2,\cdots,\boldsymbol{\beta}_n$ 是 n 维向量空间 V 的两个基,$\boldsymbol{C}$ 为基 $\boldsymbol{\alpha}_1,\boldsymbol{\alpha}_2,\cdots,\boldsymbol{\alpha}_n$ 到基 $\boldsymbol{\beta}_1,\boldsymbol{\beta}_2,\cdots,\boldsymbol{\beta}_n$ 的过渡矩阵,则基变换公式为:$(\boldsymbol{\beta}_1,\boldsymbol{\beta}_2,\cdots,\boldsymbol{\beta}_n)=(\boldsymbol{\alpha}_1,\boldsymbol{\alpha}_2,\cdots,\boldsymbol{\alpha}_n)\boldsymbol{C}$ 或 $(\boldsymbol{\alpha}_1,\boldsymbol{\alpha}_2,\cdots,\boldsymbol{\alpha}_n)=(\boldsymbol{\beta}_1,\boldsymbol{\beta}_2,\cdots,\boldsymbol{\beta}_n)\boldsymbol{C}^{-1}$.

(3) 如果 $\boldsymbol{\alpha}_1,\boldsymbol{\alpha}_2,\cdots,\boldsymbol{\alpha}_n$ 与 $\boldsymbol{\beta}_1,\boldsymbol{\beta}_2,\cdots,\boldsymbol{\beta}_n$ 是 n 维向量空间 V 的两个基,$\boldsymbol{C}$ 为基 $\boldsymbol{\alpha}_1,\boldsymbol{\alpha}_2,\cdots,\boldsymbol{\alpha}_n$ 到基 $\boldsymbol{\beta}_1,\boldsymbol{\beta}_2,\cdots,\boldsymbol{\beta}_n$ 的过渡矩阵,V 中向量 $\boldsymbol{\alpha}$ 在基 $\boldsymbol{\alpha}_1,\boldsymbol{\alpha}_2,\cdots,\boldsymbol{\alpha}_n$ 中的坐标为 $(x_1,x_2,\cdots,x_n)^{\mathrm{T}}$,在基 $\boldsymbol{\beta}_1,\boldsymbol{\beta}_2,\cdots,\boldsymbol{\beta}_n$ 中的坐标为 $(y_1,y_2,\cdots,y_n)^{\mathrm{T}}$,则有坐标变换公式:$(y_1,y_2,\cdots,y_n)^{\mathrm{T}}=\boldsymbol{C}^{-1}(x_1,x_2,\cdots,x_n)^{\mathrm{T}}$ 或 $(x_1,x_2,\cdots,x_n)^{\mathrm{T}}=\boldsymbol{C}(y_1,y_2,\cdots,y_n)^{\mathrm{T}}$.

例 1　求由向量组 $\boldsymbol{\alpha}_1=\begin{pmatrix}1\\0\\0\\-1\end{pmatrix}$,$\boldsymbol{\alpha}_2=\begin{pmatrix}2\\1\\1\\0\end{pmatrix}$,$\boldsymbol{\alpha}_3=\begin{pmatrix}1\\1\\1\\1\end{pmatrix}$,$\boldsymbol{\alpha}_4=\begin{pmatrix}1\\2\\3\\4\end{pmatrix}$,$\boldsymbol{\alpha}_5=\begin{pmatrix}0\\1\\2\\3\end{pmatrix}$ 所张成的线性子空间的维数和基.

解:因为由向量组 $\boldsymbol{\alpha}_1$、$\boldsymbol{\alpha}_2$、$\boldsymbol{\alpha}_3$、$\boldsymbol{\alpha}_4$、$\boldsymbol{\alpha}_5$ 构成的矩阵经过初等变换为

$$\begin{pmatrix}1&2&1&1&0\\0&1&1&2&1\\0&1&1&3&2\\-1&0&1&4&3\end{pmatrix}\underset{r_4+r_1}{\overset{r_3+(-1)r_2}{\sim}}\begin{pmatrix}1&2&1&1&0\\0&1&1&2&1\\0&0&0&1&1\\0&2&2&5&3\end{pmatrix}\underset{r_4+(-1)r_3}{\overset{r_4+(-2)r_2}{\sim}}\begin{pmatrix}1&2&1&1&0\\0&1&1&2&1\\0&0&0&1&1\\0&0&0&0&0\end{pmatrix}$$，秩为 3，

且第 1、2、4 列向量是线性无关的，所以由 $\boldsymbol{\alpha}_1$、$\boldsymbol{\alpha}_2$、$\boldsymbol{\alpha}_3$、$\boldsymbol{\alpha}_4$、$\boldsymbol{\alpha}_5$ 所张成线性子空间的维数是 3，向量组 $\boldsymbol{\alpha}_1$、$\boldsymbol{\alpha}_2$、$\boldsymbol{\alpha}_4$ 是一组基.

例 2　已知 4 维线性空间 $\boldsymbol{R}^4$ 的两个基为（Ⅰ）$\begin{cases}\boldsymbol{\alpha}_1=(5,2,0,0)\\\boldsymbol{\alpha}_2=(2,1,0,0)\\\boldsymbol{\alpha}_3=(0,0,8,5)\\\boldsymbol{\alpha}_4=(0,0,3,2)\end{cases}$　（Ⅱ）$\begin{cases}\boldsymbol{\beta}_1=(1,0,0,0)\\\boldsymbol{\beta}_2=(0,2,0,0)\\\boldsymbol{\beta}_3=(0,1,2,0)\\\boldsymbol{\beta}_4=(1,0,1,1)\end{cases}$

(1) 求由基（Ⅰ）到基（Ⅱ）的过渡矩阵；

(2) 求由向量 $\boldsymbol{\beta}=3\boldsymbol{\beta}_1+2\boldsymbol{\beta}_2+\boldsymbol{\beta}_3$ 在基（Ⅰ）下的坐标.

解：当两个基都已知时，采用中间基法求解. 如果已知向量在其中一个基下的坐标，可利用坐标变换公式求该向量在另外一个基下的坐标.

(1) 取中间基 $\boldsymbol{e}_1=(1,0,0,0)$，$\boldsymbol{e}_2=(0,1,0,0)$，$\boldsymbol{e}_3=(0,0,1,0)$，$\boldsymbol{e}_4=(0,0,0,1)$，则有 $(\boldsymbol{\alpha}_1,\boldsymbol{\alpha}_2,\boldsymbol{\alpha}_3,\boldsymbol{\alpha}_4)=(\boldsymbol{e}_1,\boldsymbol{e}_2,\boldsymbol{e}_3,\boldsymbol{e}_4)\boldsymbol{A}$，$(\boldsymbol{\beta}_1,\boldsymbol{\beta}_2,\boldsymbol{\beta}_3,\boldsymbol{\beta}_4)=(\boldsymbol{e}_1,\boldsymbol{e}_2,\boldsymbol{e}_3,\boldsymbol{e}_4)\boldsymbol{B}$

其中 $\boldsymbol{A}=\begin{pmatrix}5&2&0&0\\2&1&0&0\\0&0&8&3\\0&0&5&2\end{pmatrix}$，$\boldsymbol{B}=\begin{pmatrix}1&0&0&1\\0&2&1&0\\0&0&2&1\\0&0&0&1\end{pmatrix}$

于是 $(\boldsymbol{\beta}_1,\boldsymbol{\beta}_2,\boldsymbol{\beta}_3,\boldsymbol{\beta}_4)=(\boldsymbol{\alpha}_1,\boldsymbol{\alpha}_2,\boldsymbol{\alpha}_3,\boldsymbol{\alpha}_4)\boldsymbol{A}^{-1}\boldsymbol{B}$

利用分块对角矩阵的求逆公式求得由基（Ⅰ）到基（Ⅱ）的过渡矩阵为

$$\boldsymbol{C}=\boldsymbol{A}^{-1}\boldsymbol{B}=\begin{pmatrix}1&-2&0&0\\-2&5&0&0\\0&0&2&-3\\0&0&-5&8\end{pmatrix}\begin{pmatrix}1&0&0&1\\0&2&1&0\\0&0&2&1\\0&0&0&1\end{pmatrix}=\begin{pmatrix}1&-4&-2&1\\-2&10&5&-2\\0&0&4&-1\\0&0&-10&3\end{pmatrix}$$

(2) **解法一**　已知向量 $\boldsymbol{\beta}$ 在基（Ⅱ）下的坐标为 $(3,2,1,0)^{\mathrm{T}}$，则由坐标变换公式得 $\boldsymbol{\beta}$ 在基（Ⅰ）下的坐标 $(x_1,x_2,x_3,x_4)^{\mathrm{T}}$ 为

$$\begin{pmatrix}x_1\\x_2\\x_3\\x_4\end{pmatrix}=\boldsymbol{C}\begin{pmatrix}3\\2\\1\\0\end{pmatrix}=\begin{pmatrix}-7\\19\\4\\-10\end{pmatrix}$$

解法二　$\boldsymbol{\beta}=(\boldsymbol{\beta}_1,\boldsymbol{\beta}_2,\boldsymbol{\beta}_3,\boldsymbol{\beta}_4)\begin{pmatrix}3\\2\\1\\0\end{pmatrix}=(\boldsymbol{\alpha}_1,\boldsymbol{\alpha}_2,\boldsymbol{\alpha}_3,\boldsymbol{\alpha}_4)\boldsymbol{C}\begin{pmatrix}3\\2\\1\\0\end{pmatrix}=(\boldsymbol{\alpha}_1,\boldsymbol{\alpha}_2,\boldsymbol{\alpha}_3,\boldsymbol{\alpha}_4)\begin{pmatrix}-7\\19\\4\\-10\end{pmatrix}$

故 $\boldsymbol{\beta}$ 在基(Ⅰ)下的坐标为$(-7,19,4,-10)^T$.

A类题

1. 判断题

(1) 下列集合是否为向量空间?

(a) 分量是整数的所有向量 (　　)

(b) 第1、第2分量相等的所有向量 (　　)

(c) 奇数分量之和等于偶数分量之和的所有向量 (　　)

(d) 分量之和不等于1的所有向量 (　　)

(2) $W=\{(x_1,x_2,x_3,x_4)^T \mid x_i\geqslant 0, x_i\in R, i=1,2,3,4\}$不是向量空间. (　　)

(3) 齐次线性方程组 $\boldsymbol{Ax}=\boldsymbol{0}$的解全体构成向量空间. (　　)

(4) 非齐次线性方程组 $\boldsymbol{Ax}=\boldsymbol{b}$ 的解全体构成向量空间. (　　)

2. 填空题

(1) 向量组$(1,0,1,-1),(2,-1,2,3),(3,-2,-1,2)$生成的向量空间的维数是__________.

(2) 设 $\boldsymbol{\alpha}_1=\begin{pmatrix}1\\1\\0\end{pmatrix}$, $\boldsymbol{\alpha}_2=\begin{pmatrix}1\\0\\1\end{pmatrix}$, $\boldsymbol{\alpha}_3=\begin{pmatrix}0\\1\\1\end{pmatrix}$是向量空间 V_3 的一个基,则向量 $\boldsymbol{\alpha}=\begin{pmatrix}-1\\-1\\-1\end{pmatrix}$在该基下的坐标是__________.

(3) 二维向量空间$\mathbb{R}^2$ 中从基 $\boldsymbol{\alpha}_1=\begin{pmatrix}1\\0\end{pmatrix}$, $\boldsymbol{\alpha}_2=\begin{pmatrix}1\\-1\end{pmatrix}$到另一个基 $\boldsymbol{\beta}_1=\begin{pmatrix}1\\1\end{pmatrix}$, $\boldsymbol{\beta}_2=\begin{pmatrix}1\\2\end{pmatrix}$的过渡矩阵是__________.

3. 选择题

(1) 向量 $\boldsymbol{\beta}=$(　　)在基 $\boldsymbol{\alpha}_1=\begin{pmatrix}2\\3\\0\end{pmatrix}$, $\boldsymbol{\alpha}_2=\begin{pmatrix}0\\1\\-1\end{pmatrix}$, $\boldsymbol{\alpha}_3=\begin{pmatrix}-3\\0\\2\end{pmatrix}$下的坐标为$(3,0,-3)$.

(A) $\begin{pmatrix}9\\-6\\3\end{pmatrix}$　　(B) $\begin{pmatrix}3\\-9\\6\end{pmatrix}$　　(C) $\begin{pmatrix}-9\\6\\-3\end{pmatrix}$　　(D) $\begin{pmatrix}-3\\9\\-6\end{pmatrix}$

(2) 向量 $\boldsymbol{\beta}=$(　　)在基 $\boldsymbol{\alpha}_1=\begin{pmatrix}1\\2\\3\\2\end{pmatrix}$, $\boldsymbol{\alpha}_2=\begin{pmatrix}2\\-1\\4\\-3\end{pmatrix}$, $\boldsymbol{\alpha}_3=\begin{pmatrix}3\\-2\\-1\\2\end{pmatrix}$, $\boldsymbol{\alpha}_4=\begin{pmatrix}-2\\-3\\4\\1\end{pmatrix}$下的坐标为

(1,2,−1,−2).

(A) $\begin{pmatrix}-8\\6\\4\\8\end{pmatrix}$　　(B) $\begin{pmatrix}-6\\8\\4\\-6\end{pmatrix}$　　(C) $\begin{pmatrix}6\\8\\4\\-8\end{pmatrix}$　　(D) $\begin{pmatrix}-4\\8\\6\\-8\end{pmatrix}$

(3) 当 k 为(　　)时，$\boldsymbol{\alpha}_1=\begin{pmatrix}1\\2\\3\end{pmatrix}$，$\boldsymbol{\alpha}_2=\begin{pmatrix}0\\5\\k\end{pmatrix}$，$\boldsymbol{\alpha}_3=\begin{pmatrix}2\\3\\-1\end{pmatrix}$不构成$\mathbb{R}^3$ 的一个基.

(A) 0　　(B) 48　　(C) 35　　(D) 15

(4) 矩阵(　　)的列向量中存在$\mathbb{R}^3$ 的一个基.

(A) 四阶单位矩阵 $\boldsymbol{E}_4$　　(B) 四阶奇异方阵

(C) $\begin{pmatrix}2&-3&0&0&3\\3&0&-1&0&0\\0&2&1&0&-2\end{pmatrix}$　　(D) $\begin{pmatrix}1&-1&1&-1&1\\-2&2&-2&2&-2\\0&0&0&0&0\end{pmatrix}$

(5) 若 $\boldsymbol{\alpha}_1,\boldsymbol{\alpha}_2,\boldsymbol{\alpha}_3,\boldsymbol{\alpha}_4$ 是四维向量空间 V 的一组基，则 V 的基还可以是(　　).

(A) $\boldsymbol{\alpha}_1+\boldsymbol{\alpha}_2,\boldsymbol{\alpha}_2+\boldsymbol{\alpha}_3,\boldsymbol{\alpha}_3+\boldsymbol{\alpha}_4,\boldsymbol{\alpha}_4+\boldsymbol{\alpha}_1$

(B) $\boldsymbol{\alpha}_1+\boldsymbol{\alpha}_2,\boldsymbol{\alpha}_2-\boldsymbol{\alpha}_3,\boldsymbol{\alpha}_3-\boldsymbol{\alpha}_4,\boldsymbol{\alpha}_4+\boldsymbol{\alpha}_1$

(C) $\boldsymbol{\alpha}_1,\boldsymbol{\alpha}_2+\boldsymbol{\alpha}_3,\boldsymbol{\alpha}_3+\boldsymbol{\alpha}_4$

(D) $\boldsymbol{\alpha}_1,\boldsymbol{\alpha}_1+\boldsymbol{\alpha}_2,\boldsymbol{\alpha}_1+\boldsymbol{\alpha}_2+\boldsymbol{\alpha}_3,\boldsymbol{\alpha}_1+\boldsymbol{\alpha}_2+\boldsymbol{\alpha}_3+\boldsymbol{\alpha}_4$

4. 问下列各集合是否为向量空间？并说明理由.

(1) $V=\{\boldsymbol{X}=(x_1,x_2,x_3)\mid x_1\cdot x_2\geqslant 0,\ x_i\in\mathbb{R}\}$；

(2) $V=\{\boldsymbol{X}=(x_1,x_2,x_3)\mid x_1^3+x_2^3+x_3^3=1,\ x_i\in\mathbb{R}\}$；

(3) $V=\{\boldsymbol{x}=(x_1,\cdots,x_n)^{\mathrm{T}} \mid \sum_{i=1}^{n} x_i=0;\ x_i \in \mathbb{R},\ i=1,2,\cdots,n\}$;

(4) $V=\{\boldsymbol{x}=(x_1,\cdots,x_n)^{\mathrm{T}} \mid \sum_{i=1}^{n} x_i=1;\ x_i \in \mathbb{R},\ i=1,2,\cdots,n\}$;

(5) $V=\{\boldsymbol{x}=(x_1,\cdots,x_n)^{\mathrm{T}} \mid x_1=\cdots=x_n;\ x_i \in \mathbb{R},\ i=1,2,\cdots,n\}$.

B类题

验证 $\boldsymbol{\alpha}_1=(1,-1,0)^{\mathrm{T}}$，$\boldsymbol{\alpha}_2=(2,1,3)^{\mathrm{T}}$，$\boldsymbol{\alpha}_3=(3,1,2)^{\mathrm{T}}$ 为 $\mathbb{R}^3$ 的一个基，$\boldsymbol{v}_1=(5,0,7)^{\mathrm{T}}$，$\boldsymbol{v}_2=(-9,-8,-13)^{\mathrm{T}}$，并求 v_1 和 v_2 在这个基中的坐标.

C 类题

由 $\boldsymbol{a}_1=(1,1,0,0)^{\mathrm{T}}$，$\boldsymbol{a}_2=(1,0,1,1)^{\mathrm{T}}$ 所生成的向量空间记作 L_1，由 $\boldsymbol{b}_1=(2,-1,3,3)^{\mathrm{T}}$，$\boldsymbol{b}_2=(0,1,-1,-1)^{\mathrm{T}}$ 所生成的向量空间记作 L_2，证明 $L_1=L_2$.

第三章　线性空间与线性变换

线性空间和线性变换是矩阵理论的重要概念，它是对向量空间的推广和一般化.

第一节　线性空间的定义与性质
维数、基与坐标　基变换与坐标变换

1. 线性空间；线性运算；零元素；负元素；向量；子空间.

2. 线性空间的性质：

(1) 零元素是惟一的；(2)任一元素的负元素是惟一的；

(3) $0\cdot\boldsymbol{\alpha}=\mathbf{0}$；$(-1)\boldsymbol{\alpha}=-\boldsymbol{\alpha}$；$\lambda\,\mathbf{0}=\mathbf{0}$；

(4) 如果 $\lambda\boldsymbol{\alpha}=\mathbf{0}$，则 $\lambda=0$ 或 $\boldsymbol{\alpha}=\mathbf{0}$.

3. 线性空间的有关结果：

(1) 设 V_1 是由向量组 $\boldsymbol{\alpha}_1,\boldsymbol{\alpha}_2,\cdots,\boldsymbol{\alpha}_s$ 生成的线性空间，V_2 是由向量组 $\boldsymbol{\beta}_1,\boldsymbol{\beta}_2,\cdots,\boldsymbol{\beta}_t$ 生成的线性空间. 如果 $\boldsymbol{\alpha}_1,\boldsymbol{\alpha}_2,\cdots,\boldsymbol{\alpha}_s$ 可由 $\boldsymbol{\beta}_1,\boldsymbol{\beta}_2,\cdots,\boldsymbol{\beta}_t$ 线性表示，则 $V_1\subset V_2$；如果 $\boldsymbol{\alpha}_1,\boldsymbol{\alpha}_2,\cdots,\boldsymbol{\alpha}_s$ 与 $\boldsymbol{\beta}_1,\boldsymbol{\beta}_2,\cdots,\boldsymbol{\beta}_t$ 等价，则 $V_1=V_2$.

(2) 设 V 是由向量组 $\boldsymbol{\alpha}_1,\boldsymbol{\alpha}_2,\cdots,\boldsymbol{\alpha}_m$ 生成的线性空间，则向量组 $\boldsymbol{\alpha}_1,\boldsymbol{\alpha}_2,\cdots,\boldsymbol{\alpha}_m$ 的最大无关组就是 V 的基，向量组 $\boldsymbol{\alpha}_1,\boldsymbol{\alpha}_2,\cdots,\boldsymbol{\alpha}_m$ 的秩就等于 V 的维数.

(3) 若线性空间 $V\subset\mathbf{R}^n$，则 V 的维数不会超过 n，当 V 的维数为 n 时，$V=\mathbf{R}^n$.

4. 维数；基；坐标；基变换公式；过渡矩阵；坐标变换公式.

(1) 如果 $\boldsymbol{\alpha}_1,\boldsymbol{\alpha}_2,\cdots,\boldsymbol{\alpha}_n$ 与 $\boldsymbol{\beta}_1,\boldsymbol{\beta}_2,\cdots,\boldsymbol{\beta}_n$ 是 n 维线性空间的两个基，则由基 $\boldsymbol{\alpha}_1,\boldsymbol{\alpha}_2,\cdots,\boldsymbol{\alpha}_n$ 到基 $\boldsymbol{\beta}_1,\boldsymbol{\beta}_2,\cdots,\boldsymbol{\beta}_n$ 的过渡矩阵 $\boldsymbol{C}$ 是可逆矩阵.

(2) 如果 $\boldsymbol{\alpha}_1,\boldsymbol{\alpha}_2,\cdots,\boldsymbol{\alpha}_n$ 与 $\boldsymbol{\beta}_1,\boldsymbol{\beta}_2,\cdots,\boldsymbol{\beta}_n$ 是 n 维线性空间的两个基，$\boldsymbol{C}$ 为基 $\boldsymbol{\alpha}_1,\boldsymbol{\alpha}_2,\cdots,\boldsymbol{\alpha}_n$ 到基 $\boldsymbol{\beta}_1,\boldsymbol{\beta}_2,\cdots,\boldsymbol{\beta}_n$ 的过渡矩阵，则基变换公式记为：$(\boldsymbol{\beta}_1,\boldsymbol{\beta}_2,\cdots,\boldsymbol{\beta}_n)=(\boldsymbol{\alpha}_1,\boldsymbol{\alpha}_2,\cdots,\boldsymbol{\alpha}_n)\boldsymbol{C}$ 或 $(\boldsymbol{\alpha}_1,\boldsymbol{\alpha}_2,\cdots,\boldsymbol{\alpha}_n)=(\boldsymbol{\beta}_1,\boldsymbol{\beta}_2,\cdots,\boldsymbol{\beta}_n)\boldsymbol{C}^{-1}$.

例 1 试证集合 $W=\left\{f(x)\,\middle|\,\int_0^1 f(x)\mathrm{d}x=0\right\}$ 按通常函数的加法和数乘运算，构成实数域$\mathbb{R}$上的线性空间.

证明： 易见函数 $f(x)\equiv 0$ 时，$\int_0^1 0\mathrm{d}x=0$，故集合 W 非空.

因为对于任意的函数 $f(x)$、$g(x)\in W$、实数 $k\in\mathbb{R}$，有

$$\int_0^1[f(x)+g(x)]\mathrm{d}x=\int_0^1 f(x)\mathrm{d}x+\int_0^1 g(x)\mathrm{d}x=0+0=0$$

$$\int_0^1 kf(x)\mathrm{d}x=k\int_0^1 f(x)\mathrm{d}x=0$$

所以 $kf(x)\in W$；$f(x)+g(x)\in W$. 又因为

(1) $f(x)+g(x)=g(x)+f(x)$；

(2) $[f(x)+g(x)]+h(x)=f(x)+[g(x)+h(x)]$；

(3) W 中恒为零的函数 0 是零元素，且 $f(x)+0=f(x)$；

(4) $f(x)$有负元素 $-f(x)$，且 $f(x)+[-f(x)]=0$；

(5) $1\times f(x)=f(x)$；

(6) $k[lf(x)]=(kl)f(x)$，其中 k、$l\in\mathbb{R}$；

(7) $(k+l)f(x)=kf(x)+lf(x)$；

(8) $k[f(x)+g(x)]=kf(x)+kg(x)$.

综上所述，我们分别验证了集合 W 满足线性空间定义的 8 个条件，所以 W 构成实数域$\mathbb{R}$上的线性空间.

例 2 试证集合 $Q=\{(\alpha,\beta,\alpha,\beta,\cdots,\alpha,\beta)^{\mathrm{T}}\mid\alpha,\beta\in\mathbb{R}\}$构成 n 维线性空间的子空间.

证明： 显见此集合是非空的.

任取向量 $\boldsymbol{q}_1=(\alpha_1,\beta_1,\cdots,\alpha_1,\beta_1)^{\mathrm{T}}$、$\boldsymbol{q}_2=(\alpha_2,\beta_2,\cdots,\alpha_2,\beta_2)^{\mathrm{T}}\in Q$. 实数 k、$l\in\mathbb{R}$，因为向量 $k\boldsymbol{q}_1+l\boldsymbol{q}_2=(k\alpha_1+l\alpha_2,k\beta_1+l\beta_2,\cdots,k\alpha_1+l\alpha_2,k\beta_1+l\beta_2)^{\mathrm{T}}$ 仍然属于集合 Q，所以其构成 n 维线性空间的子空间.

A 类题

1. 检验以下集合对于所指的线性运算是否构成实数域上的线性空间：

(1) 次数等于 $n(n\geqslant 1)$的实系数多项式的全体，对于多项式的加法和数量乘法；

(2) 全体实对称(反对称，上三角)矩阵，对于矩阵的加法和数量乘法；

(3)平面上全体向量,对于通常的加法和如下定义的数量乘法:$k\circ\boldsymbol{\alpha}=\boldsymbol{O}$;

(4)全体正实数$\mathbb{R}^+$,加法与数量乘法定义为:$a\oplus b=ab$,$k\circ a=a^k$.

2. 证明向量组$\boldsymbol{e}_1^{\mathrm{T}}=(1,1,1)$,$\boldsymbol{e}_2^{\mathrm{T}}=(1,1,2)$,$\boldsymbol{e}_3^{\mathrm{T}}=(1,2,3)$是3维线性空间的一个基,并求向量$\boldsymbol{x}^{\mathrm{T}}=(6,9,14)$在这个基下的坐标.

(3) 求由向量组$\boldsymbol{\alpha}_1=\begin{pmatrix}1\\1\\1\\1\\0\end{pmatrix}$,$\boldsymbol{\alpha}_2=\begin{pmatrix}1\\1\\-1\\-1\\-1\end{pmatrix}$,$\boldsymbol{\alpha}_3=\begin{pmatrix}2\\2\\0\\0\\-1\end{pmatrix}$,$\boldsymbol{\alpha}_4=\begin{pmatrix}1\\1\\5\\5\\2\end{pmatrix}$,$\boldsymbol{\alpha}_5=\begin{pmatrix}1\\-1\\-1\\0\\0\end{pmatrix}$所张成的线性子空间的维数和基.

B 类题

1. 已知 4 维线性空间 $\mathbb{R}^4$ 的两个基为(Ⅰ)$\begin{cases}\boldsymbol{\alpha}_1=(1,2,-1,0)\\ \boldsymbol{\alpha}_2=(1,-1,1,1)\\ \boldsymbol{\alpha}_3=(-1,2,1,1)\\ \boldsymbol{\alpha}_4=(-1,-1,0,1)\end{cases}$ (Ⅱ)$\begin{cases}\boldsymbol{\beta}_1=(2,1,0,1)\\ \boldsymbol{\beta}_2=(0,1,2,2)\\ \boldsymbol{\beta}_3=(-2,1,1,2)\\ \boldsymbol{\beta}_4=(1,3,1,2)\end{cases}$

(1) 求由基(Ⅰ)到基(Ⅱ)的过渡矩阵；

(2) 求向量 $\boldsymbol{\beta}=(1,0,0,0)$在基(Ⅰ)下的坐标.

2. 已知 4 维线性空间 $\mathbb{R}^4$ 的两个基为(Ⅰ)$\begin{cases}\boldsymbol{e}_1=(1,0,0,0)\\ \boldsymbol{e}_2=(0,1,0,0)\\ \boldsymbol{e}_3=(0,0,1,0)\\ \boldsymbol{e}_4=(0,0,0,1)\end{cases}$ (Ⅱ)$\begin{cases}\boldsymbol{\alpha}_1=(2,1,-1,1)\\ \boldsymbol{\alpha}_2=(0,3,1,0)\\ \boldsymbol{\alpha}_3=(5,3,2,1)\\ \boldsymbol{\alpha}_4=(6,6,1,3)\end{cases}$

求一非零向量 $\boldsymbol{\xi}$,它在基(Ⅰ)和基(Ⅱ)下有相同的坐标.

3. 设 V_1,V_2 都是线性空间 V 的子空间,且 $V_1 \subset V_2$,证明:如果 V_1 的维数和 V_2 的维数相等,那么 $V_1=V_2$.

4. 如果 $c_1\boldsymbol{\alpha}+c_2\boldsymbol{\beta}+c_3\boldsymbol{\gamma}=0$,且 $c_1c_3\neq 0$,证明:$\boldsymbol{L}(\boldsymbol{\alpha},\boldsymbol{\beta})=\boldsymbol{L}(\boldsymbol{\beta},\boldsymbol{\gamma})$.

第二节　线性变换　线性变换的矩阵表示式

1. 映射;源集;像集;线性映射(线性变换).

2. 线性变换的性质:

(1) $T\,\mathbf{0}=\mathbf{0}$, $T(-\boldsymbol{\alpha})=-T\boldsymbol{\alpha}$;

(2) 若 $\boldsymbol{\beta}=k_1\boldsymbol{\alpha}_1+k_2\boldsymbol{\alpha}_2+\cdots+k_m\boldsymbol{\alpha}_m$,则 $T\boldsymbol{\beta}=k_1T\boldsymbol{\alpha}_1+k_2T\boldsymbol{\alpha}_2+\cdots+k_mT\boldsymbol{\alpha}_m$;

(3) 若 $\boldsymbol{\alpha}_1,\boldsymbol{\alpha}_2,\cdots,\boldsymbol{\alpha}_m$ 线性相关,则 $T\boldsymbol{\alpha}_1,T\boldsymbol{\alpha}_2,\cdots,T\boldsymbol{\alpha}_m$ 亦线性相关.

(4) 线性变换 T 的像集 $T(V_n)$ 是一个线性空间(V_n 的子空间),称为线性变换 T 的像空间.

(5) $S_T=\{\boldsymbol{\alpha}\mid\boldsymbol{\alpha}\in V_n,T\boldsymbol{\alpha}=0\}$ 也是 V_n 的子空间. S_T 称为线性变换 T 的核.

3. 线性变换的矩阵表示式:$T(\boldsymbol{x})=\boldsymbol{A}\boldsymbol{x}(\boldsymbol{x}\in\mathbb{R}^n)$.

例 1　下列各变换 T,哪些是 3 维线性空间到 3 维线性空间上的线性变换?哪些不是?

(1) $T(\boldsymbol{x}_1,\boldsymbol{x}_2,\boldsymbol{x}_3)=(\boldsymbol{x}_1+\boldsymbol{x}_2,\boldsymbol{x}_2+\boldsymbol{x}_3,\boldsymbol{x}_3+\boldsymbol{x}_1)$;

(2) $T(\boldsymbol{x}_1,\boldsymbol{x}_2,\boldsymbol{x}_3)=(1,\boldsymbol{x}_1\boldsymbol{x}_2\boldsymbol{x}_3,1)$;

(3) $T(\boldsymbol{x}_1,\boldsymbol{x}_2,\boldsymbol{x}_3)=(0,\boldsymbol{x}_1+\boldsymbol{x}_2+\boldsymbol{x}_3,0)$.

解: 对于任意的 3 维向量 $\boldsymbol{X}=(\boldsymbol{x}_1,\boldsymbol{x}_2,\boldsymbol{x}_3)$、$\boldsymbol{Y}=(\boldsymbol{y}_1,\boldsymbol{y}_2,\boldsymbol{y}_3)$,任意实数 k,

(1) 因为
$$\begin{aligned}T(\boldsymbol{X}+\boldsymbol{Y})&=T(\boldsymbol{x}_1+\boldsymbol{y}_1,\boldsymbol{x}_2+\boldsymbol{y}_2,\boldsymbol{x}_3+\boldsymbol{y}_3)\\&=(\boldsymbol{x}_1+\boldsymbol{y}_1+\boldsymbol{x}_2+\boldsymbol{y}_2,\boldsymbol{x}_2+\boldsymbol{y}_2+\boldsymbol{x}_3+\boldsymbol{y}_3,\boldsymbol{x}_3+\boldsymbol{y}_3+\boldsymbol{x}_1+\boldsymbol{y}_1)\\&=(\boldsymbol{x}_1+\boldsymbol{x}_2,\boldsymbol{x}_2+\boldsymbol{x}_3,\boldsymbol{x}_3+\boldsymbol{x}_1)+(\boldsymbol{y}_1+\boldsymbol{y}_2,\boldsymbol{y}_2+\boldsymbol{y}_3,\boldsymbol{y}_3+\boldsymbol{y}_1)\\&=T(\boldsymbol{x}_1,\boldsymbol{x}_2,\boldsymbol{x}_3)+T(\boldsymbol{y}_1,\boldsymbol{y}_2,\boldsymbol{y}_3)=T(\boldsymbol{X})+T(\boldsymbol{Y})\end{aligned}$$
$$\begin{aligned}T(k\boldsymbol{X})&=T(k\boldsymbol{x}_1,k\boldsymbol{x}_2,k\boldsymbol{x}_3)=(k\boldsymbol{x}_1+k\boldsymbol{x}_2,k\boldsymbol{x}_2+k\boldsymbol{x}_3,k\boldsymbol{x}_3+k\boldsymbol{x}_1)\\&=k(\boldsymbol{x}_1+\boldsymbol{x}_2,\boldsymbol{x}_2+\boldsymbol{x}_3,\boldsymbol{x}_3+\boldsymbol{x}_1)=kT(\boldsymbol{X})\end{aligned}$$

所以(1)中变换 T 是线性变换.

(2) $T(\boldsymbol{X}+\boldsymbol{Y})=T(\boldsymbol{x}_1+\boldsymbol{y}_1,\boldsymbol{x}_2+\boldsymbol{y}_2,\boldsymbol{x}_3+\boldsymbol{y}_3)=[1,(\boldsymbol{x}_1+\boldsymbol{y}_1)(\boldsymbol{x}_2+\boldsymbol{y}_2)(\boldsymbol{x}_3+\boldsymbol{y}_3),1]$,而 $T(\boldsymbol{X})+T(\boldsymbol{Y})=(1,\boldsymbol{x}_1\boldsymbol{x}_2\boldsymbol{x}_3,1)+(1,\boldsymbol{y}_1\boldsymbol{y}_2\boldsymbol{y}_3,1)=(2,\boldsymbol{x}_1\boldsymbol{x}_2\boldsymbol{x}_3+\boldsymbol{y}_1\boldsymbol{y}_2\boldsymbol{y}_3,2)\neq T(\boldsymbol{X}+\boldsymbol{Y})$,所以(2)中的变换 T 不是线性变换.

(3)
$$\begin{aligned}T(\boldsymbol{X}+\boldsymbol{Y})&=T(\boldsymbol{x}_1+\boldsymbol{y}_1,\boldsymbol{x}_2+\boldsymbol{y}_2,\boldsymbol{x}_3+\boldsymbol{y}_3)=[0,(\boldsymbol{x}_1+\boldsymbol{y}_1)+(\boldsymbol{x}_2+\boldsymbol{y}_2)+(\boldsymbol{x}_3+\boldsymbol{y}_3),0]\\&=(0,\boldsymbol{x}_1+\boldsymbol{x}_2+\boldsymbol{x}_3,0)+(0,\boldsymbol{y}_1+\boldsymbol{y}_2+\boldsymbol{y}_3,0)=T(\boldsymbol{X})+T(\boldsymbol{Y})\end{aligned}$$
$$T(k\boldsymbol{X})=T(k\boldsymbol{x}_1,k\boldsymbol{x}_2,k\boldsymbol{x}_3)=(0,k\boldsymbol{x}_1+k\boldsymbol{x}_2+k\boldsymbol{x}_3,0)=k(0,\boldsymbol{x}_1+\boldsymbol{x}_2+\boldsymbol{x}_3,0)=kT(\boldsymbol{X})$$

所以(3)中变换 T 是线性变换.

1. 设 $\boldsymbol{\alpha}_1,\boldsymbol{\alpha}_2,\boldsymbol{\alpha}_3,\boldsymbol{\alpha}_4$ 是四维线性空间 V 的一组基,已知线性变换 A 在这组基下的矩阵为

$$\begin{pmatrix}1&0&2&1\\-1&2&1&3\\1&2&5&5\\2&-2&1&-2\end{pmatrix}$$

(1) 求 A 在基 $\boldsymbol{\beta}_1=\boldsymbol{\alpha}_1-2\boldsymbol{\alpha}_2+\boldsymbol{\alpha}_4,\boldsymbol{\beta}_2=3\boldsymbol{\alpha}_2-\boldsymbol{\alpha}_3-\boldsymbol{\alpha}_4,\boldsymbol{\beta}_3=\boldsymbol{\alpha}_3+\boldsymbol{\alpha}_4,\boldsymbol{\beta}_4=2\boldsymbol{\alpha}_4$ 下的矩阵;

(2) 求 A 的核和值域;

(3) 在 A 的核中选一组基,把它扩充成 V 的一组基,并求 A 在这组基下的矩阵;

(4) 在 A 的值域中选一组基,把它扩充成 V 的一组基,并求 A 在这组基下的矩阵.

参考答案

第一章 矩 阵

第一节 线性方程组和矩阵 矩阵的运算

A 类题

1. (1) ×； (2) √； (3) ×； (4) ×； (5) ×.

2. (1) $-10,\begin{pmatrix}-2&-2&-2\\-3&-3&-3\\-5&-5&-5\end{pmatrix}$； (2) $\begin{pmatrix}0&0\\0&0\end{pmatrix},\begin{pmatrix}3&3\\-3&-3\end{pmatrix}$； (3) $\begin{pmatrix}15\\40\\280\end{pmatrix},\begin{pmatrix}15\\80\\400\end{pmatrix}$；

(4) $3^{n-1}\begin{pmatrix}1&\frac{1}{2}&\frac{1}{5}\\2&1&\frac{2}{5}\\5&\frac{5}{2}&1\end{pmatrix}$； (5) 5^{n+1}.

3. (1) D； (2) B； (3) C； (4) B； (5) C.

4. (1) $\begin{pmatrix}6&3\\3&38\end{pmatrix}$；$\begin{pmatrix}5&8&9\\8&13&13\\9&13&26\end{pmatrix}$； (2) $\begin{pmatrix}4&23&4\\-4&-11&-2\\-2&7&28\end{pmatrix}$.

B 类题

1. (1) $\begin{pmatrix}x_{11}&0&0\\x_{12}&x_{11}&0\\x_{13}&x_{12}&x_{11}\end{pmatrix}$，$x_{11},x_{12},x_{13}$为任意数； (2) $\begin{pmatrix}1&k\\0&1\end{pmatrix}$.

2. (1) 略； (2) $l=\sum_{i=1}^{3}a_ib_i$.

C 类题

1. (1) $\boldsymbol{AB}\neq\boldsymbol{BA}$； (2) $(\boldsymbol{A}+\boldsymbol{B})^2\neq\boldsymbol{A}^2+2\boldsymbol{AB}+\boldsymbol{B}^2$； (3) $(\boldsymbol{A}+\boldsymbol{B})(\boldsymbol{A}-\boldsymbol{B})\neq\boldsymbol{A}^2-\boldsymbol{B}^2$.

2. (1) $\boldsymbol{A}=\begin{pmatrix}0&1\\0&0\end{pmatrix}$； (2) $\boldsymbol{A}=\begin{pmatrix}1&1\\0&0\end{pmatrix}$； (3) $\boldsymbol{A}=\begin{pmatrix}1&0\\0&0\end{pmatrix},\boldsymbol{X}=\begin{pmatrix}1&1\\-1&1\end{pmatrix},\boldsymbol{Y}=\begin{pmatrix}1&1\\0&1\end{pmatrix}$.

第二节 逆矩阵 克拉默法则

A 类题

1. (1) √； (2) √； (3) ×； (4) ×.

2. (1) $\begin{pmatrix} \cos\theta & \sin\theta \\ -\sin\theta & \cos\theta \end{pmatrix}$； (2) 5^n； (3) $\begin{pmatrix} 1 & 0 & 0 \\ -\frac{1}{3} & \frac{1}{3} & 0 \\ 0 & 0 & 1 \end{pmatrix}$； (4) $\frac{1}{15}\begin{pmatrix} 1 & 0 & 0 \\ 2 & 3 & 0 \\ 3 & 4 & 5 \end{pmatrix}$；

(5) $4\begin{pmatrix} 2 & -1 \\ 1 & 0 \end{pmatrix}$； (6) $\lambda \neq 1$.

1. (1) D； (2) B； (3) D； (4) C.

4. (1) $\begin{pmatrix} 10 & 14 \\ -3 & -4 \end{pmatrix}$； (2) $x_1=1, x_2=2$，$x_3=3$，$x_4=-1$.

B 类题

1. (1) $\begin{pmatrix} 3 & 0 & 1 \\ 0 & 4 & 0 \\ 1 & 0 & 2 \end{pmatrix}$； (2) $\begin{pmatrix} 3 & -8 & -6 \\ 2 & -9 & -6 \\ -2 & 12 & 9 \end{pmatrix}$.

2. $\boldsymbol{A}^{-1}=-\boldsymbol{A}^2-3\boldsymbol{A}-3\boldsymbol{E}$

第三节 矩阵分块法

1. (1) $|\boldsymbol{A}_1||\boldsymbol{A}_2|\dots|\boldsymbol{A}_s|$，$\begin{pmatrix} \boldsymbol{A}_1{}^{-1} & & & \\ & \boldsymbol{A}_2{}^{-1} & & \\ & & \ddots & \\ & & & \boldsymbol{A}_S{}^{-1} \end{pmatrix}$； (2) $(-1)^{mn}ab$.

1. (1) D； (2) C.

3. (1) $\begin{pmatrix} 0 & 0 & \frac{1}{3} & \frac{2}{3} \\ 0 & 0 & -\frac{1}{3} & \frac{1}{3} \\ 1 & -2 & 0 & 0 \\ -2 & 5 & 0 & 0 \end{pmatrix}$； (2) 略.

第二章 向量组的线性相关性

第一节 向量组及其线性组合 向量组的线性相关性

A 类题

1. (1) ×； (2) √； (3) ×.

2. (1) $\boldsymbol{\alpha}_3=2\boldsymbol{\alpha}_1+\boldsymbol{\alpha}_2$； (2) $-\frac{33}{4}$； (3) 相关； (4) 无关； (5) 相关； (6) $\frac{1}{2}$；

(7) $abc\neq 0$； (8) 0.

3. (1) A;　(2) A;　(3) A;　(4) C;　(5) C;　(6) D;　(7) A.

4. (1) (a) 线性相关;　(b) 线性无关;　(2) $a=-1$.

B 类题(略)

C 类题(略)

第二节　向量组的秩

A 类题

1. (1) √;　(2) √;　(3) ×;　(4) √;　(5) ×.

2. (1) $\boldsymbol{\alpha}_1,\boldsymbol{\alpha}_2$;　(2) $\neq 0$;　(3) 4;　(4) $r<m$.

3. (1) C;　(2) B;　(3) C;　(4) C.

4. (1) 秩等于 3. $\boldsymbol{a}_1,\boldsymbol{a}_2,\boldsymbol{a}_3$ 是最大无关组;　(2) 秩等于 2. $\boldsymbol{\alpha}_1,\boldsymbol{\alpha}_2$ 或 $\boldsymbol{\alpha}_1,\boldsymbol{\alpha}_3$ 或 $\boldsymbol{\alpha}_2,\boldsymbol{\alpha}_3$ 为最大无关组.

B 类题

1. (1) $r=3$;　(2) $r=3$, $\boldsymbol{\alpha}_1,\boldsymbol{\alpha}_2,\boldsymbol{\alpha}_3$ 为一个最大无关组, $\boldsymbol{\alpha}_4=\boldsymbol{\alpha}_1+3\boldsymbol{\alpha}_2-\boldsymbol{\alpha}_3$, $\boldsymbol{\alpha}_5=-\boldsymbol{\alpha}_2+\boldsymbol{\alpha}_3$.

2. 略.　3. 略.

C 类题(略)

第三节　线性方程组的解的结构

A 类题

1. (1) ×;　(2) √;　(3) ×;　(4) √;　(5) √.

2. (1) 非零;　(2) 3;　(3) $k(1,1,\cdots,1)^{\mathrm{T}}$, k 为任意常数; (4) 1 且 -2.

3. (1) B;　(2) A.

4. (1) 基础解系为 $\boldsymbol{\xi}_1=\begin{pmatrix}1\\7\\0\\19\end{pmatrix}$, $\boldsymbol{\xi}_2=\begin{pmatrix}0\\0\\1\\2\end{pmatrix}$;　(2) 基础解系为 $\boldsymbol{\xi}=\begin{pmatrix}-\frac{3}{2}\\\frac{3}{2}\\-\frac{1}{2}\\1\end{pmatrix}$.

B 类题

1. 通解为 $\boldsymbol{x}=k\begin{pmatrix}-3\\-1\\1\\0\end{pmatrix}+\begin{pmatrix}1\\1\\0\\1\end{pmatrix}$, k 为任意实数.

2. 通解为 $\boldsymbol{x}=k\boldsymbol{\xi}_1+\boldsymbol{\eta}_1=k\begin{pmatrix}3\\4\\5\\6\end{pmatrix}+\begin{pmatrix}2\\3\\4\\5\end{pmatrix}$, 其中 k 可取任意常数.

3. 令增广矩阵 $\boldsymbol{B}=(\boldsymbol{A},\boldsymbol{b})$, 作初等行变换得, $R(\boldsymbol{A})=2$, $R(\boldsymbol{B})=3$, 故方程组无解.

4. $(\boldsymbol{A},\boldsymbol{b})=\begin{pmatrix}1&1&1&1&1&1\\3&2&1&1&-3&0\\0&1&2&2&6&3\\5&4&3&3&-1&p\end{pmatrix}\rightarrow\begin{pmatrix}1&1&1&1&1&1\\0&1&2&2&6&3\\0&0&0&0&0&0\\0&0&0&0&0&2-p\end{pmatrix}\rightarrow\begin{pmatrix}1&0&-1&-1&-5&-2\\0&1&2&2&6&3\\0&0&0&0&0&0\\0&0&0&0&0&2-p\end{pmatrix}$

当 $p\neq2$ 时，$R(\boldsymbol{A},\boldsymbol{b})\neq R(\boldsymbol{A})$，所以原方程组无解；

当 $p=2$ 时，$R(\boldsymbol{A},\boldsymbol{b})=R(\boldsymbol{A})<5$，所以原方程组有无穷解；

通解为 $\begin{cases}x_1=-2+c_1+c_2+5c_3\\x_2=3-2c_1-2c_2-6c_3\\x_3=c_1\\x_4=c_2\\x_5=c_3\end{cases}$ 其中 c_1,c_2,c_3 为任意的常数.

C 类题(略)

第四节 向量空间

A 类题

1. (1) (a) ×； (b) √； (c) √； (d) ×； (2) √； (3) √； (4) ×.

2. (1) 3； (2) $\left(-\frac{1}{2},-\frac{1}{2},-\frac{1}{2}\right)^{\mathrm{T}}$； (3) $\begin{pmatrix}2&3\\-1&-2\end{pmatrix}$.

3. (1) D； (2) C； (3) C； (4) C； (5) D.

4. (1) 不是； (2) 不是； (3) 是； (4) 不是； (5) 是.

B 类题

$v_1=2\boldsymbol{\alpha}_1+3\boldsymbol{\alpha}_2-\boldsymbol{\alpha}_3$，$v_2=3\boldsymbol{\alpha}_1-3\boldsymbol{\alpha}_2-2\boldsymbol{\alpha}_3$.

C 类题(略)

第三章 线性空间与线性变换

第一节 线性空间的定义与性质 维数、基与坐标 基变换与坐标变换

A 类题

1. (1) 否；两个 n 次多项式相加不一定是 n 次多项式. $(x^n+5)+(-x^n+8)=13$；

(2) 是；矩阵的加法和乘法满足线性空间的(Ⅰ)－(Ⅷ)条性质，只需证明对加法和数量乘法是否封闭；

(3) 否；因为 $1\circ\boldsymbol{\alpha}=0$ 不满足线性空间定义的条件(Ⅴ)；

(4) 是；对定义的加法和数量乘法都是封闭的，且满足线性空间的(Ⅰ)－(Ⅷ)条性质.

2. 即要证明 $\boldsymbol{e}_1,\boldsymbol{e}_2,\boldsymbol{e}_3$ 线性无关，所求坐标为(1,2,3).

3. 维数为 3；$\boldsymbol{\alpha}_1,\boldsymbol{\alpha}_2,\boldsymbol{\alpha}_5$ 是一个基(不惟一).

B 类题

1. (1) 过渡矩阵：$\begin{pmatrix}1&0&0&1\\1&1&0&1\\0&1&1&1\\0&0&1&0\end{pmatrix}$； (2) 所求坐标：$\left(\frac{3}{13},\frac{5}{13},-\frac{2}{13},-\frac{3}{13}\right)$

2. $(c,c,c,-c)$(c 为任意非零常数)提示:设 $\boldsymbol{\xi}=(x_1,x_2,x_3,x_4)^{\mathrm{T}}$,基(Ⅰ)到基(Ⅱ)的过渡矩阵的过渡矩阵是 $\boldsymbol{A}$,则 $\begin{pmatrix}x_1\\x_2\\x_3\\x_4\end{pmatrix}=\boldsymbol{A}\begin{pmatrix}x_1\\x_2\\x_3\\x_4\end{pmatrix}$ 即 $(\boldsymbol{A}-\boldsymbol{E})\begin{pmatrix}x_1\\x_2\\x_3\\x_4\end{pmatrix}=0$,解方程组即可.

3. 设 V_1 的维数为 r,可找到一组基 $\boldsymbol{\alpha}_1,\boldsymbol{\alpha}_2,\cdots,\boldsymbol{\alpha}_r$,因为 $V_1\subset V_2$,且它们的维数相等,自然 $\boldsymbol{\alpha}_1,\boldsymbol{\alpha}_2,\cdots,\boldsymbol{\alpha}_r$ 也是 V_2 的一组基,所以 $V_1=V_2$.

4. $c_1c_3\neq 0$ 可知 $c_1\neq 0$,由 $c_1\boldsymbol{\alpha}+c_2\boldsymbol{\beta}+c_3\boldsymbol{\gamma}=0$ 可知,$\boldsymbol{\alpha}$ 可由 $\boldsymbol{\beta},\boldsymbol{\gamma}$ 表出,即 $\boldsymbol{\alpha},\boldsymbol{\beta}$ 可由 $\boldsymbol{\beta},\boldsymbol{\gamma}$ 表出,同样 $\boldsymbol{\beta},\boldsymbol{\gamma}$ 也可由 $\boldsymbol{\alpha},\boldsymbol{\beta}$ 表出.

第二节　线性变换　线性变换的矩阵表示式

1. (1) 所求矩阵为 $\begin{pmatrix}2&-3&3&2\\ \frac{2}{3}&-\frac{4}{3}&\frac{10}{3}&\frac{10}{3}\\ \frac{8}{3}&-\frac{16}{3}&\frac{40}{3}&\frac{40}{3}\\ 0&1&-7&-8\end{pmatrix}$;

(2) 先求 $\boldsymbol{A}^{-1}(\mathbf{0})$,设 $\boldsymbol{\xi}\in\boldsymbol{A}^{-1}(\mathbf{0})$,它在 $\boldsymbol{\alpha}_1,\boldsymbol{\alpha}_2,\boldsymbol{\alpha}_3,\boldsymbol{\alpha}_4$ 下的坐标是 (x_1,x_2,x_3,x_4),$\boldsymbol{A\xi}$ 在 $\boldsymbol{\alpha}_1,\boldsymbol{\alpha}_2,\boldsymbol{\alpha}_3,\boldsymbol{\alpha}_4$ 下的坐标为 $(0,0,0,0)$,于是 $\begin{pmatrix}1&0&2&1\\-1&2&1&3\\1&2&5&5\\2&-2&1&-2\end{pmatrix}\begin{pmatrix}x_1\\x_2\\x_3\\x_4\end{pmatrix}=\begin{pmatrix}0\\0\\0\\0\end{pmatrix}$,解得基础解系

$\boldsymbol{\gamma}_1=(-2,-\frac{3}{2},1,0)$,$\boldsymbol{\gamma}_2=(-1,-2,0,1)$,则 $\boldsymbol{A}^{-1}(\mathbf{0})=\boldsymbol{L}(\boldsymbol{\gamma}_1,\boldsymbol{\gamma}_2)$,$\boldsymbol{A}V=\boldsymbol{L}(\boldsymbol{A\alpha}_1,\boldsymbol{A\alpha}_2)$;

(3) $\boldsymbol{\gamma}_1,\boldsymbol{\gamma}_2$ 是 $\boldsymbol{A}^{-1}(\mathbf{0})$ 的一组基,易知 $\boldsymbol{\alpha}_1,\boldsymbol{\alpha}_2\boldsymbol{\gamma}_1,\boldsymbol{\gamma}_2$ 是 V 的一组基,$\boldsymbol{A}$ 在这组基下的矩阵为 $\begin{pmatrix}5&2&0&0\\ \frac{9}{2}&1&0&0\\ 1&2&0&0\\ 2&2&0&0\end{pmatrix}$;

(4) $\boldsymbol{A\alpha}_1,\boldsymbol{A\alpha}_2,\boldsymbol{\alpha}_3,\boldsymbol{\alpha}_4$ 是 V 的一组基,$\boldsymbol{A}$ 在这组基下的矩阵为 $\begin{pmatrix}5&2&2&1\\ \frac{9}{2}&1&\frac{3}{2}&2\\ 0&0&0&0\\ 0&0&0&0\end{pmatrix}$.